化学がめざすもの

馬場正昭・廣田 襄
BABA Masaaki　　HIROTA Noboru

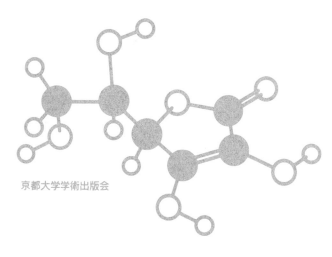

京都大学学術出版会

本書がめざすもの

　文系の大学生や、一般の市民の方々に読んでもらい、学んで考えてほしいと願って本書を出版しました。化学は、専門外の人でもきちんと理解しておかなければならないほど現代社会において重要なものとなっていて、社会を動かしていく立場の文系の方たちに、近代化学の基本的な考え方と、これからの展望をぜひ知っておいてほしいと思っています。

　高校で化学の授業を受けたから、これ以上勉強しなくてもいいのではないか。そう考えていては、高度な化学に支えられている現代社会で活躍することはできないし、社会をより良いものに発展させることはできません。明るい未来を築くためには、若い世代の一人でも多くの方にハイレベルの化学を身につけてほしいのです。

　また、これから化学を専攻しようと考えている人にも、ぜひ読んでほしいと思っています。基礎を学んである程度のレベルに達すると、化学の奥深さがわかるようになります。大切なのは、与えられた課題をこなすだけでなく、独自のアイデアを持って実行していくことです。そのためには、歴史を学んで先人の偉業を知ることも必要ですし、現状がどうなっているのかを俯瞰するのも重要です。

　このようなコンセプトなので、少し難しい事柄や専門的な表現も書かれています。わかりやすくしようとすると、どうしてもレベルが下がってしまうので、敢えてそのままにしてありますが、それでも内容を理解して、深い考察をしてほしいと思っています。背伸びをしても、魅力あふれる現代化学の世界を見てほしいのです。歯ごたえがあって楽ではありませんが、噛み砕いて消化できれば栄養になる。いつか必ず力になると思います。

まえがき

　普通、あまり意識することはありませんが、現代の日常生活において、化学は極めて重要な役割を果たしています。化学は「もの」すなわち物質を取り扱う科学の分野のひとつですが、現代の高度な文明社会が物質によって支えられていることは言うまでもありません。これからも人が幸福に快適に暮らしていくためには、多様性に富んだ物質を巧みに使いこなし、望みの特性をもった物質を創成していくことが重要となっています。それと同時に、いまとりわけ深刻になっているのが、廃棄物の処理や環境の保全といった、物質社会が必然的に抱えている問題です。これらの課題も、すべて化学でしか解決できないことであり、したがって現代社会に生きる人びとが化学を学ぶことは、とても大切なことなのです。

　文系の大学生、化学を専門としない一般の方々、専門外の方々が、化学の本質をきちんと理解し、社会との関わりを知る。その指針となることが、本書の目的です。その際、読者の皆さんにまず心に刻んでほしいのは、化学は決して、いわゆる「暗記科目」ではないということです。大事なことは、物質の本質を正しく理解することであって、用語や知識を覚えただけでは化学を学んだことにはなりませんし、化学の本当のおもしろさは、「なぜか？」がわかってはじめて味わえるものなのです。

　第Ⅰ部では、化学がどのようにして生まれたのかを紹介します。どの学問分野もそうですが、その生い立ちや歴史を知ることは、本質を理解するには欠かせません。古代ギリシャの物質観が化学のルーツであると言って良いのですが、それが中世、近代と発展して、化学は現代の最先端科学の中心にまでなりました。

　化学がなぜ生まれたか、といえば、おそらく人間の欲望と知的好奇心が要因であったと考えて良いでしょう。

　古くから人々は金、銀、財宝を欲しがり、そうした富への欲望から錬金術が生まれ、合成化学へとつながりました。また健康で豊かな生活を望む中で、長生きをしたい、不老不死の薬を作りたいという期待から、薬化学が生まれ、生命の化学へと発展しました。

　もちろん、化学はこのような欲望を満たすためだけに発展したのではありません。そもそも物質とは何だろう、身近にある「もの」の性質、ふるまいを理解したいという想いは、ある程度の知的レベルに達した人なら自ずと抱くものでしょう。それが科学技術の進歩と理論的な考察の積み重ねによって実現可能となり、原子・分子論から統計力学、量子論へと発展していきました。第Ⅰ部では、それぞれの時代、分野で鍵となった人物のエピソードにも触れながら、化学が歩んできた歴史を辿ってみることにします。

　第Ⅱ部では、現在の化学で主流となっているテーマに焦点を絞り、最先端研究の基盤となっている手法や考え方を概説します。ここでまず知っていただきたいのは、自然科学一般の現状を捉え、その中での化学の立ち位置、そしていまの化学がどの方向に進んでいるのかということです。

　中学校、高等学校での、いわゆる中等教育では、理科は物理、化学、生物、地学の4分野にまとめられ、それぞれでの基本的な考えと知識を学びます。しかし、現代の自然科学は、このようなカテゴリーで単純に切り分けられるものではなく、全体を俯瞰的に捉えないとなかなか深い理解を得ることができません。つまりは、4分野をすべて身に付けなければならないということに他ならないのですが、余程の人でなければすぐにできることではないので、まずは、ほとんどすべての科学の基礎となっている化学を概観することから始めていただくのが良いでしょう。

　そこで第Ⅱ部では、現代の化学で重要な役割を果たしているツールやメソッドをいくつか取り上げて解説します。コンピューター、電磁波、分析機器、レーザー、触媒、ナノテクノロジー、バイオテクノロジーが主なキーワードです。

　第Ⅲ部では、化学と社会の関連について考えてみようと思います。まずは、足元の日本の社会に目を向けると、多くの人は、すでに成熟した文明社会が

築かれていると思っていることでしょう。第2次世界大戦以後の急速な経済や科学技術の発展によって、多様な物質とIT機器に支えられた高度な社会を私たちが享受していることは間違いありません。しかしながら、いまの豊かな生活と適切な環境をこれからも維持していくためには、早急に解決しなければならない問題が数多くあります。ここでは、化学に深く関わっているいくつかの課題に注目して、現状の把握と将来の展望についてまとめてみました。

　これまでの人類の歴史の中で、多くの文明が栄え、滅んでいきました。その滅亡の原因のほとんどは、大規模な自然災害、あるいは人口の増大による環境変動や紛争を要因としますが、いずれにしても、自然界に本来備わっている環境を変えてしまったのが引き金となったと言って良いでしょう。しかし、現代文明は危険物質も含んだ強い科学力によって成り立っており、それによって崩壊するリスクもはらんでいます。つまりは人間自体が持つに至った力によって文明が滅びる危険性があることは、多くの論者が指摘するところです。現代人の英知をもってすれば、それも回避できるとは思うのですが、そこでも、鍵は化学をベースとしたサイエンスが握っています。

　ここで重要になるのが倫理の問題で、化学を社会に適切に適用しようとすると、何が公正なのかという社会的倫理への問いが必要になります。さらに、資源、エネルギー、地球環境問題等を考えると、「世代間倫理」つまり、今生きている私たちが、将来の世代にどう責任を持つかという問いが解決のための根底となります。こうした大きな問題に、本書でその正解を示すことは難しいのですが、ぜひ読者の皆さんに、それぞれの立場で、どのような手を打てばよいか、考えてほしいと思っています。

目　　次

第Ⅰ部　化学の生い立ち

第 II 部　化学のいま

コラム

第 III 部　　化学の応用と社会

コラム

第 I 部
化学の生い立ち

　現在では当たり前のように考えが受け入れられ、実際に広く使われている自然科学であるが、その発展の歴史は決して平坦な道ではない。特に、「ものの科学」である化学の歴史はとても興味深い。たとえば、物質が原子や分子からできていることは、現在では当たり前のことであるが、そのことが明確になったのはたったの100年前にすぎない。原子や分子はあまりにも小さいので、今まで誰一人見た人はいない。しかしながら、長い時間かかって開発された最先端機器と実験手法によって、基本粒子を認識することができるようになり、それを基に物質を正しく理解できたのは、実はほんの最近のことなのである。

　その源となったのは古代ギリシャの自然哲学であり、考えを実現するのに錬金術の果たした役割はとても大きかった。それに続いて、ダルトンやラヴォアジェといった優れた科学者たちが近代科学の基礎を築き、ボルツマンの統計力学、プランク、ボーアの量子論、アインシュタイン、シュレーディンガーと引き継がれて、現代化学が生まれた。彼らのモチベーションは何だったのか。化学の発展の歴史を辿ったとき、「この研究は何の役に立ちますか」というような質問が意味をなさないことはすぐにわかる。真実を知りたい。現象を理解したいという願望が、ひたすら天才たちを駆り立てている。

1 化学はなぜ生まれたのか

　新しい研究分野が生まれるのには、何らかの理由がある。それを知ることができれば、その分野の発展をさらに促進することができるかもしれない。化学の研究は、常に社会と文明の進歩に大きく役立ってきた。金属、プラスチック、繊維の創成や、燃焼、爆発、発酵などの化学反応の応用、動植物の生体機能の解明。挙げ出すときりがないが、このような特殊な性質をもった物質を生み出し、巧みに応用することは高度な近代文明を支えているし、人間が生きていく上で必要な物質を取り扱う学問である化学のニーズが、古くからとても大きかったことは想像に難くない。

a) 人間の欲望を満たすために

　化学を生んだ原動力は何であったかというと、快適に暮らして幸福でありたいという欲望がまず考えられる。その欲望を満たすためには富や財産が必要だ。うまい方法でそれを手にすることができないだろうか。たやすく手に入れることができる鉄や鉛から金を作ることができないだろうか。それが錬金術の始まりである。富や財産が得られたら、こんどは長くその生活を続けたい。老いたくない。不老不死の薬を作りたい。これが医科学である。このふたつが近代化学のルーツとなっているのだが、化学がなぜ生まれたかを考えてみると、それは人間の欲望を満たすために必要であったからかもしれない。

　化学が発達した今でも同じような状況なのかもしれない。最新の化学を活用して社会のニーズに応えようとすると大規模な化学産業を興さなければならないし、それに成功すると巨万の富を得ることができる。現代社会では化学物質は欠かせないものだから、おそらく事業に失敗する可能性は比較的小さい。すると、化学への関心や知識がなくても資本を持つ者が起業し、結果として高水準な化学が生まれる。富と財産に対する欲望が化学を進歩させている一面もあるのではないだろうか。

b) 生きていくうえで必要なもの

　人間が生きていくうえで、「もの」は欠かせない。日常生活の三要素である衣食住のどれをとっても物質が基本であり、それを使いこなすための知恵として化学が生まれたことは容易に察することができる。身体の保護と健康のために衣服を作った。弾力性や耐久性を得るために天然の繊維を利用した。繊維化学は今でも重要な産業のひとつである。食については、原始時代には動植物をそのまま食べていたと考えられるが、やがて火を使って調理したり、発酵などの化学反応を活用するようになった。住としては、まずは植物、樹木、岩石などの天然の素材を使って住居としていたのだが、やがてレンガ、コンクリート、金属、プラスチックなどの人工的な化学物質で近代的な建造物を造るようになった。さらに、社会生活を考えても化学反応を利用して電気、熱、動力などのエネルギーを生み出し、機能的なデバイスを創成して、知的水準の高い文化を築いた。

　近代から現代へ進歩する過程でも、必要性によって促進される化学の役割は大きかった。その原動力のひとつとなったのは、ワットが発明した蒸気機関であるが、これは水を加熱して水蒸気とし、そのときに発生する体積変化を圧力とし、動力に変換して機械を動かす。これは、化学熱力学の基礎であったが、これによって産業革命に絶対必要であった大きな動力源が完成した。工事を安全に進めるために大きな建造物を一瞬にして破壊するツールが必要となり、アルフレッド・ノーベルはダイナマイトを発明した。グリセリンを硝酸、硫酸で反応させるとニトログリセリンという爆発性の物質ができることは知られていたが、ノーベルはこれを珪藻土に浸み込ませて安全性を高めた。ダイナマイトはすぐに大量に使われるようになり、ノーベルは巨万の富を得たが、科学の平和利用を願って財産の一部を寄付し、ノーベル賞を設立したことで後世に名を残している。図1-1はノーベル賞受賞者に贈られるメダルであり、アルフレッド・ノーベルの肖像が刻まれている。ただし、当時はニトログリセリン分子の構造（図1-2）は知られていなかったし、物質の爆発性や危険性についてもほとんど理解されておらず、化学としての基礎はできていなかったが、それでも試行錯誤を繰り返してニーズを満たすような物質を経験的に作ることができたら、結果的にそれでよかったのかもしれない。

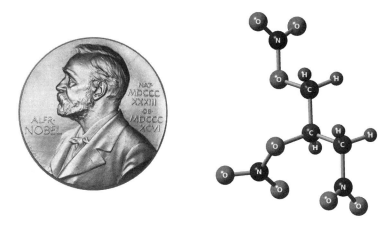

1-1　アルフレッド・ノーベル　　　　1-2　ニトログリセリン

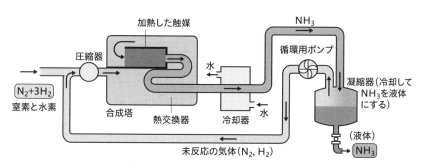

1-3　ハーバー・ボッシュ法によるアンモニアの合成システム

　食糧危機から人類を救った化学反応として、ハーバー・ボッシュ法がある。これは、気体の窒素と水素から直接アンモニアを合成する方法であり、その化学反応式は次のように表される。

$$N_2 + 3H_2 \ \rightarrow \ 2NH_3$$

　この反応を起こすには、窒素分子と3つの水素分子が会合しなければならず、また N–N と H–H の強い結合を切断しなければならないので、超高圧超

高温でないといけない。ところが、混合ガスに鉄鉱石を接触させると、さほど高くない圧力と温度でも有効に反応が起こり、大量のアンモニアを合成することができた。図1-3は、現在の工場で用いられているハーバー・ボッシュ法によるアンモニアの合成システムの概略図である。アンモニアは植物肥料の原料であり、異常気象や伝染病で不足した食料を増産するのに極めて有用であり、「水と空気と石炭からパンを作る」方法と言われて、産業が興って大量生産された。鉄鉱石は化学反応を促進する触媒として働いているのだが、これを発見するまでにハーバーとボッシュは、数えきれないくらい多くの困難な実験を繰り返し行っている。

　ダイナマイトもアンモニアも、結果的には人類の発展に大きく貢献し、それによって化学の重要性は認識されたのだが、社会へのニーズに応えようとしたのか、富や名声、地位が欲しかったのか。ノーベルもハーバー、ボッシュも懸命な努力を重ねて、危険で困難な課題をクリアした。だがその後、皮肉なことにダイナマイトは爆弾の製造に使われ、アンモニアも硝酸に変えられて兵器の火力原料となった。化学はひとつ間違うと大きな過ちの元にもなりうる。現代ではその力がはるかに大きくなり、より一層の化学的な考慮が必要なのだが、それを明確に認識するためにも、化学の誕生と発展の歴史を辿るのはとても大事なことであろう。

2 化学のおもしろさ

　自然科学の研究の多くは、古代ギリシャや中世のヨーロッパでは貴族社会の道楽的なものであったと考えてもよいであろう。今のように、大学や企業でのプロフェッショナルによる研究はほとんどなかったし、その中で優れた研究や学問が生まれたのは、何と言っても真実を知りたいという天性の興味や好奇心である。筆者も長年、大学で研究を続けてきたが、実験やその結果の考察にこの上ない喜びを感じている。もちろん、社会への貢献も考えなければならないが、純粋な興味がなかったら気が進まないのは確かである。それは基礎化学でも応用化学でも同じことであって、興味深い現象を解き明かせることができたらそこに潜む法則を応用に活かすことは可能だし、どうやって社会のニーズを満たそうかと工夫をしていると、そこから基本的な法則が見出されることも多いだろう。いずれにしても、**原子・分子を相手に実験と考察を重ねるのは、理屈抜きにとてもおもしろい。**

a) 知的好奇心の対象としての化学

　人間の欲望か、社会の必要性か。化学は生まれるべくして生まれたのは確かであるのだが、実用的なことからまったく離れて、自然を知りたい、真理を探究したいという純粋な知的好奇心で生まれ育った化学もあることを忘れてはいけない。宇宙や生命も含めて、すべては物質によって成り立っているのであるから、物質の構成粒子である原子・分子を理解したいという気持ちは、ある程度の知的水準に達した人であるならば、必ず持つものであろう。物質は何でできているのだろう。物質の根源要素（元素）は何なのだろう。燃えたり、他の物質に変わったり、反応はなぜ起こるのだろう。物質についての疑問を挙げたらきりがないが、まずは物質の個性と多様性自体がとても興味深い。

　'化学のあけぼの'ともいうべき物質を理解しようとする試みは、古代ギリシャに始まる。知的好奇心に満ちた人々は、身近に起こる現象を見つめな

がら考えを巡らせた。**アリストテレスは、すべての物質は火、水、空気、土の 4 つから成り立っているという 4 元素説を提唱した。**元素という考え方は一般に受け入れやすいものであって、多くの物質が、いくつかのこれ以上は分けられない根源物質の組み合わせでできているという仮説に基づき、それを検証することは多くの人の興味を惹き、格好の議論のテーマとなった。また、根源物質が細かい粒子であるという、いまの原子論に近い考えを出した者もあり、学問的な興味から導かれた理論的な考察は、中世から近代にかけて、物理化学から量子化学へとつながっていった。21 世紀になった今でも、化学はやはり面白い。社会的ニーズははるかに大規模なものになり、化学研究が応用偏重になっているのは否めないが、まだまだ人類が解き明かせていない物質は山ほどあるし、新しい考えを取り入れないと理解できない現象も数多く残されている。

b) 物質の理解と鍵となる式

　物質を正しく理解するための鍵となったのは、気体の実験やその結果に対する理論的な考察である。気体は目に見えなくて捉えにくいものであるが、気体の研究をすると意外にも物質の基本的な性質がよくわかる。ボイル、ゲイ・リュサック、シャルルといった化学の教科書に名を残した者たちが、体積（V）、圧力（P）、温度（T）の値を正確に測ることによって、それらの値の間に成り立つ関係式を導いた。

$$PV = nRT$$

　厳密には、理想気体*だけに成り立つ式であるが、実験結果をもっと増やしてこの式の意味を理解しようとして、その後も化学反応による気体の変化、気体の発生などの結果の報告が続いた。理論的な考察を深めていく過程で、おそらく多くの科学者の中に、物質は細かい粒子から成っているのではない

＊ **理想気体**　気体の粒子に体積がなく、お互いに引き合う力もない仮想的な気体を理想気体という。この式は、気体の密度が小さくて、粒子の体積やお互いの引き合う力が相対的に小さいときに近似的に成り立つ。

かという、いわゆる原子・分子論が芽生えたのではないかと推測される。この式は気体が粒子から成ることを仮定すれば理解しやすい。19世紀になって英国の化学者ダルトンが提唱した原子論はすぐに受け入れられたわけではないが、それを念頭に置いた研究報告も相次ぎ、20世紀に入ってからの原子核の発見によって、原子説は最終的に検証された。

　粒子論に基づいて、物質のエネルギー、状態分布などを考察したのがボルツマンであった。彼が導いたボルツマン分布とは、あるエネルギーをもつ粒子の数は

$$N(E) = N(0)\exp\left(-\frac{E}{kT}\right)$$

で表される。$N(E)$ は E というエネルギーをもつ粒子の数で、一定の温度 T ではエネルギーが大きくなるにつれて分子数が同じ割合で減少していくことを示している。つまり、気体の中の原子・分子の多くはエネルギーが小さく、大きなエネルギーを持つものは相対的に少ないということである。k はボルツマン定数で一定の値なので、温度が高くなると相対的にエネルギーの高い粒子の割合が増加し、逆に低温ではその割合が減少することもわかる。この式は統計論を巧みに使い数学的な考察を重ねて導かれたものであるが、これから原子・分子といった粒子自体の性質を明らかにしようとして、量子論が生まれた。そこで仮説として考えられたのは、許される状態のエネルギーは特定の決まった値のものだけであるということであった。さらにド・ブローイは、粒子が波動性も持ち合わせていることを仮定して、次の式を提唱した。

$$\lambda = \frac{h}{p}$$

　λ は波の波長、p は粒子の運動量であって、この式では波の性質と粒子の性質が関連づけられている。このような考えと式は予備的な知識と基本の学習がないとまったく理解できない難しいものであるが、各分野での天才が欲望や必要性、有用性をまったく考えずに、真実を知りたいと思って研究を続けた結果でもあり、やはり知的好奇心がその原動力となったのは間違いない。

基礎的な理論や数式を導くのは、すぐに社会の役に立つわけではないが、化学の進歩にとっては欠かせない、極めて大事なことである。いま、このような学術基礎の中心にあるのは大学の研究室であり、人々を動かしているのは物質に対する純粋な興味である。それは、化学の基礎をしっかり学んでみなければ感じることのできない、化学の真のおもしろさである。

3 化学の源流

　人類が火を使うことを知り、物を燃やして暖を取り、食物を焼いたり煮たりするようになると、やがて物質は変化するということに気がついたであろう。さらに、火を用いて土器を作り、鉱石を熱して銅、鉄などの金属を得るための工夫が始まり、物質の変化を日常生活に活用できるようになると、そこから物質の成り立ちやその本質に対する基本的な問いかけが生まれる。知的好奇心は自然に対する哲学（学問）を生み、欲望は「もの」を作ってそれを利用する職人の技術を生んだ。好奇心と欲望に根ざす学問と技術はどの古代文明にも存在したが、近代化学につながったのは古代エジプト文明に発してギリシャの自然哲学と合体し、後にアラビアを経由して中世後期にヨーロッパに伝えられた錬金術とそれを生命や健康に応用しようとした医化学である。まずは、この化学の源流を辿ってみよう。

a) ギリシャ人の物質観と元素、原子の概念

　Chemistry はラテン語の 'Chemia' に由来する。Chemia はエジプト語の黒い土を意味する 'Khemeia' に発すると言われ、化学はエジプトの窯業、冶金、金属加工の技術から始まったと考えられる。紀元前 6 世紀頃のギリシャの哲学者（知を愛する人）たちは、我々の周囲にある物質はある一つの根源物質、すなわち元素から成り立っていることを前提に、それぞれの説を唱えた。タレスは、我々の周囲に見出されるさまざまな物質は一つの根源物質の異なる側面であり、それは水であると考えた。アナクシマンドロスは、既知のそれまでに知られていたどの物質にも同定できない根源物質（第一質量）の存在を信じた。ヘラクレイトスは、この世界では変化こそが唯一の現実で、それを代表するものとして火を考えた。しかし、元素が一つでなければならない理由はない。ギリシャで最も権威のある哲学者であったアリストテレスは、火、空気、水、土の 4 つを元素とし、各元素は各々 2 つの性質をもつと提唱した。すなわち、火は乾と温の性質、空気は湿と温の性質、水は冷と湿の性質、土

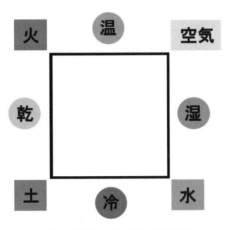

3-1　アリストテレスの4元素説

は乾と冷の性質を合わせもつ。また、元素は不変ではなく、ある性質を取り込んで他を捨てることにより、別の元素に変わることが可能であるとも考えた。'アリストテレスの4元素説'は、その後古代から中世までの長い間、物質についての支配的な考えとなったのである。

　しかし、古代ギリシャにはこれと異なった考え方も生まれていた。我々の周りにある物質を細かく分割していったらどうなるであろうか。レウキッポスは、最後にはもうそれ以上分割できない粒子に到達すると考えた。この「分割できない粒子」を彼の弟子のデモクリトスは'アトモス'とよび、これがアトム（原子）に引き継がれ、この世界は真空中を動き回る「原子」から成り立つと考える原子論が生まれた。デモクリトスは、各々の元素は大きさも形も異なり、この違いで各元素に異なった性質が生じると考えた。デモクリトスの書いた本は残っていないが、この考え方はエピクロス派の哲学者に受け継がれ、ローマの詩人ルクレティウスの詩「物の本性について」に明確に述べられていて、現在でも容易に読むことができる。かなり古い時代から原子論の原形ができていたのは奇跡的なことであったのだが、残念ながらこれが発展することはなく、1803年のダルトンによる原子説まで注目されることはほとんどなかった。

　このような歴史の流れで、古代ギリシャで化学が生まれてきたと言ってよいのだが、問題はアリストテレスの自然学やデモクリトスの原子論などのギリシャの学問は、思弁的な推論によるところが大きく、いま我々が知っている原子・分子の世界とはかけ離れたものであった。それによる先入観が、その後の化学の順調な発展を妨げたと考える人もいるが、まずは物質を理解したいという想いが形になったのには大きな意義があるであろう。アリストテレスの考えは長い間信じられ続けたし、中世になって宗教的な弾圧を受けて、世に出ることのなかった重要な考えも少なからずあった。化学の歴史は、社会や政治、宗教と深く関わっていることが多く、その背景も考えながら、主要な分野の現代化学への歩みを見る必要がある。

b）錬金術と医化学

　錬金術（Alchemy）とは何だろう。狭義には「銅や鉛のような卑金属を金や銀のような貴金属に変換しようとする試み」であるが、広義にはもっと一般的に「さまざまな物質や人間の肉体、魂を対象に、それらをより完全な状態に近づけようする試み」とも言われている。金属の場合は「賢者の石」などの物質を用いて黄金への変成を目指し、人体の場合は「エリクシル」と呼ばれる霊薬を用いて不老長寿を達成しようという試みもあった。錬金術はインドや中国などの他の文明圏でも生まれていたが、近代化学に主につながったのはヘレニズム時代のギリシャに始まった錬金術であった。

　ギリシャの錬金術は、アレキサンドリアの学者たちの間で紀元1世紀頃に始まり、その後地中海地域に広がった。その起源は、エジプトの金属加工職人の技術とギリシャ哲学の融合にあったと考えられている。アリストテレスの哲学では元素の変換が可能であると考えられていたので、鉄や鉛などの卑金属から、金や銀などの貴金属への変換を目指して物質の混合、加熱などの化学実験が繰り返された。ただ、原理的には元素の変換は不可能なので成功するわけがなく、職人たちの中には当時知られていた合金やメッキの技術を用いて何とかして卑金属を貴金属に似せようと試みる者もいた。8世紀頃にはこのギリシャの錬金術はアラブ世界に渡り、アラブの錬金術と融合した。そのひとつに、「全ての金属は硫黄と水銀から成り立ち、卑金属を貴金属に

3-2　中世の錬金術師

　変換することが可能である」という考えがあった。度重なる十字軍の遠征に
よって西洋世界はアラビア世界と密接な関係を持つようになり、ヨーロッパ
人はアラビア民族がギリシャの学問の原典の翻訳と、彼ら自身の独自の学問
を持っていることを知った。こうして錬金術は、12世紀頃にアラビア世界
から西欧世界に伝えられ、17世紀に至るまで西洋で盛んに行われたのである。
　図3-2は、中世の錬金術師の仕事場のようすを示したものである。近代化
学の視点から見れば、錬金術は実現不可能な目標を目指した不毛な研究とみ
なされるかもしれない。しばしば卑金属から貴金属に似た金属を作って金儲
けを目論むいかさまな行為とみなされ、秘儀的で魔術に結びつきやすい側面
もあって、ネガティブな印象が強い。しかし、実際の錬金術はアリストテレ
スの4元素説のパラダイムのもとで行われた物質変換に関わる学問のひとつ
で、近代化学の発展につながったポジティブな面も多くあった。錬金術は、
化学物質を取り扱う手段や装置の進歩をもたらし、物質についての実用的な

3-3　16世紀の蒸留装置

3-4　16世紀の天秤

知識を増やすのに大きく貢献した。現在でも化学実験で使われているビーカー、フラスコ、乳鉢、漏斗、るつぼなどの実験器具は、実は錬金術に由来するものである。特に時代とともに大きく進歩したのは蒸留装置で、多くの種類の物質が混じり合った物から純粋な物質を有効に取り出すことができるようになった。図3-3は、16世紀に用いられていた蒸留装置を表したものである。その物質としては、7種の既知の金属（鉄、銅、金、銀、水銀、錫、鉛）に加えて、亜鉛、アンチモン、硫黄、ヒ素、硫黄、炭酸ナトリウム、ミョウバン、食塩などが原料として使われ、技術的な進歩によって、硫酸、硝酸、王水などの強い酸も得られるようになった。16世紀のヨーロッパでは鉱山業が重要な産業になり、採鉱・冶金に関する書物も多く出版された。その中でとくに有名なのは医師アグリコラによる「デ・レ・メタリカ」で、当時の採鉱、精錬、冶金、分析の技術を詳しく伝えている。この本から、鉱石から取り出せる金属の量を決めるために用いられた天秤についても知ることができる。図3-4は、16世紀にできた天秤を表したものである。化学が近代的な学問に脱皮するには定量的な研究法の導入が必要であり、天秤の進歩がそれを可能にしたと言えよう。

　このように、錬金術から生まれた実験技術の進歩や化学知識の蓄積が進むと、金属だけではなくて医薬品の研究も進められるようになり、人間の生体

や健康維持のための学問も生まれた。16世紀になると、蒸留技術の進歩によってもたらされた新しい物質が医学にも導入され、医化学（Iatrochemistry）が起った。アルコールは13世紀頃から医薬品として用いられていたが、この頃になるとさまざまな油類、薬草類の蒸留物が使用されるようになり、スイス人の医師パラケルススによって、多くのものが薬品として体系化された。彼は錬金術は医学の基礎のひとつで、その目的は金属の変換よりも薬品を作ることにあると信じ、一生の大半を放浪して過ごしながら、医学や化学に関する多くの著作を残した。彼はアリストテレスの4元素説を支持したが、さらにアラビアの錬金術に由来する、硫黄、水銀、塩の3原質の概念を加えた。また、蒸留や抽出といった錬金術の手法で得られる‘アルカナ’と呼ばれるエッセンスで病気の治療ができ、ある病気にはある特定のアルカナが有効であると考えた。ここから塩化水銀や酢酸鉛などの無機の毒物の少量を医薬に用いるという考えが生まれ、これが医学と化学を融合させる化学療法の始まりとなった。

COLUMN 1　　近代化学の日本への導入と宇田川榕菴

　近代化学は1830年代に、岡山、津山藩の藩医で江戸在住の蘭学者宇田川榕菴によって日本に導入された。西洋の化学の発展に数十年遅れたとは言え、当時の日本人は新しい化学を受け入れ、明治維新後には欧米に急速に追いついた。江戸時代末期のエリート知識人は、かなり高い知的レベルに達していたのは確かである。

　宇田川榕菴は化学だけでなく日本における近代植物学の開祖ともされ、江戸のレオナルド・ダ・ヴィンチとも言うべき驚くべきマルチ天才学者であった。日本における近代化学は榕菴による化学の教科書「舎密開宗」の発行から始まったとされ、今日我々が使っている化学用語、水素、酸素、窒素、炭素、白金、酸化、還元、溶解、蒸留などはすべて榕菴によって発案されたものである。「舎密開宗」はラヴォアジェの体系に基づいてイギリスのウィリアム・ヘンリーが書いた教科書が原本であるとされるが、単なる翻訳ではなく、榕菴は他に多くの本を参考にしてこれを書いたと思われる。「舎密（せいみ）」はオランダ語のchemieの音訳であるが、その後は中国語で使われていた「化学」が使われるようになった。

　日本における近代化学教育は、1869年に明治新政府によって大阪に設立された「大阪舎密局」のオランダ人教師ハラタマによって始められたとされ、その後1870年代の中頃までには大学の制度が整い、理、工、医、薬、農の分野で近代化学の教育を行う制度が整った。大阪舎密局は京都大学の設立につながっている。最初はお雇い外国人の教授を招いて教育に当たらせていたが、海外に留学生を派遣して人材の育成に努め、19世紀の終わり頃までには日本人の教授によって大学で教育・研究が行われるようになった。ハラタマは1年で帰国したが、彼の後任としてドイツ人のリッテルが雇われた。彼の講義録は1877年に文部省から出版されたが、驚くべきことはそこですでにアヴォガドロの仮説が導入されていることである。日本での化学教育では、早い段階からヨーロッパの最新の知識が教えられたのである。

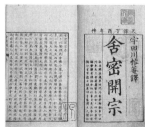
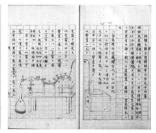

4 近代化学への道

　中世から 16 世紀に至るまでの科学は、アリストテレスの自然学やプトレ
マイオスの天文学の権威に抑圧されて自由に発展することができなかったが、
17 世紀に入って大きな変化が訪れ、近代科学への道を歩み始めた。フラン
シス・ベーコンは、事実に基づく‘帰納法*’の重要性を主張し、科学の役割
は人類に新しい発明と富をもたらすことであると唱えた。ルネ・デカルトは
明白に事実であるもの以外の一切を疑うという原則に立って「方法序説」を
著し、複雑な問題をより簡単な部分に分割することによって結果を得る‘演
繹法**’を提唱した。彼の世界に対する見方は、神秘的なものを排除してい
ておよそ合理的ではあったが、真空の存在は否定していたので、原子論とは
合致しなかった。原子は、真空の中に存在する小さな粒子だと考えられるか
らである。

　17 世紀には、ケプラー、ガリレオ、ニュートン、ハーヴェーらによって
天文学、物理学、生物学における「科学革命」が起った。実験に基づく近代
科学が始まって、プトレマイオスの天文学やアリストテレスの自然学からの
解放が進んだのだが、化学の世界ではまだ革命というほどの変化は起ってい
なかった。それは、化学が複雑な物質を対象にした学問分野であり、当時の
技術では純粋な物質を取り出して同定することすらできていなかったことが
その理由である。それでも、科学革命の合理的な自然の見方や実験を重視す
る哲学の影響は大きく、化学はその後大きく変わっていくことになった。

a) 気体化学の発展

　17 世紀の中頃、トリチェリは一端を封じたガラス管に水銀を満たし、逆

---

* **帰納法**　個別的な事例から、一般的あるいは普遍的な法則を見出そうとする論理的な推
論方法を帰納法という。
** **演繹法**　一般的あるいは普遍的な法則から、個別的な結論を出そうとする論理的な推論
方法を演繹法という。この場合は、前提が正しければ結論は正しいことが保証される。

4-1　トリチェリの真空

さまに立てたら水銀は 760 mm の高さまでしか達せず、その上に真空が発生
することを示した。その装置を示したのが図 4-1 である。この実験は、真空
が現実に存在することを証明しただけでなく、空気が 760 mm の高さの水銀
の重さの分だけ圧力を及ぼすことを示した画期的なものであった。さらに
1654 年には、フォン・ゲーリケによって発明された空気ポンプによって空
気の圧力の強さが示され、気体化学は大きく進展した。

　ロバート・ボイルは空気ポンプを用いて空気の体積と圧力の間の関係を調
べ、温度が一定であれば気体の体積と圧力は反比例するという‘ボイルの法則’
を発見した。今でも高等学校の化学の教科書に載っている基本的な法則であ
る。彼は 1661 年に『懐疑的化学者』という本を出版し、アリストテレスの
4 元素説を否定した。そして、元素を「全ての物体を直接作り上げている成
分で、混合物が最終的にそれへと分解していく成分」であると定義した。ボ
イルの考えはまだ実際の化学元素と直接結びついてはいなかったが、確実に
本来の元素の概念へと近づいていた。また、ボイルは燃焼に関する研究も行
い、物質の燃焼に空気が関与していることを確かめた。燃焼は化学者が最も

興味を持った現象のひとつであったが、当時はシュタールによる'フロギス
トン（熱素）説'によって説明されていた。それによれば、燃えるものはす
べてフロギストンを含んでおり、これが燃焼中に大気中に放出されて失われ
る。一定量の空気は一定量のフロギストンしか吸収できないので、空気がフ
ロギストンで飽和されると燃焼は止まる。また、物質が一定量のフロギスト
ンしか保有しなければ、それが尽きると燃焼は終わる。こうして、フロギス
トン説は燃焼に関する現象を定性的にはうまく説明することができ、多くの
科学者はこれを信じた。フロギストン説の誤りが明確になるのはそれから1
世紀ほど後、ラヴォアジェらによって化学の研究に定量的な方法が導入され
てからのことである。

　気体化学の発展に大きく寄与した実験方法として、1730年頃にヘイルズ
によって導入された気体の水上捕集法がある。これは発生する気体を、水を
張った皿の上に倒立した容器内に補集する方法であるが、重要なのはこの方
法を用いて異なった種類の気体の存在が確認されたことである。最初に見出
されたのは炭酸ガス（二酸化炭素）で、ブラックによるこの発見は、すべて
の気体を同一の気体（空気）とみなしていた当時の考えを一掃した点で画期
的なものであった。

　18世紀の後半になると酸素、水素、窒素、塩素、塩化水素、酸化窒素、
アンモニアなど次々に異なる種類の気体が発見され、その性質が詳しく調べ
られた。特にその気体が燃焼を助けるものかどうか、動物の呼吸を維持する
のに役立つかどうかに注目して実験が行われ、なかでも重要なのは、プリー
ストリーとシェーレによる酸素の発見と、キャベンディッシュによる水素の
発見であった。そして、空気は元素ではなく、少なくとも2種類の気体から
成っていて、一つは燃焼と呼吸を維持し、もう一つはそうでないことが明ら
かになった。しかし、1780年頃まで燃焼反応はまだフロギストン説に基づ
いて考えられていたので、プリーストリーは酸素を「脱フロギストン空気」
と名付け、キャベンディッシュは水素がフロギストンであると考えた。いま
では燃焼反応は酸素が結合する反応であることはよく知られているが、当時
は気体の実験結果を説明できるような原子・分子の理解がまったくできてい
なかったのである。

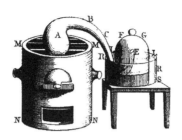

4-2　ラヴォアジェの実験器具

b) ラヴォアジェによる化学革命

　ラヴォアジェは、1770 年頃から燃焼の問題に興味を持って実験を始め、錫や鉛を空気中で強熱すると空気の一部が吸収されることを見出した。水の中で空気を満たして閉じた容器中でリンを燃やすと水面が上がり、空気の一部がなくなったことがわかった。彼は正確な測定を繰り返し、リンの燃焼反応では空気の 5 分の 1 の体積が減少し、またリンの重量が増加することを確かめた。さらに、水銀と空気から水銀灰を生成させ、その際の空気の体積の減少と水銀の重量の増加も調べた。水銀灰を加熱して得られた気体は、燃焼を促進し、動物の呼吸を維持した。この気体はすでにプリーストリーやシェーレが発見していた気体と同じであったが、ラヴォアジェはこの気体を「酸素」とよんだ。さらに、空気は燃焼に活性な成分である酸素と不活性な成分から成り立っていることを示し、不活性な成分を「窒素」と名付けた。また、水素と酸素を密閉した容器内で燃やすと水が生成することも実験で示し、気体の正体を解き明かしていった。図 4-2 は、ラヴォアジェ夫人（マリー・アンヌ・ラヴォアジェ）が描いた実験装置の図である。

　しかしながら、これらの研究結果は当時考えられていたフロギストン説とは矛盾するものであり、1783 年にラヴォアジェはそれを完全に否定する論文を発表した。プリーストリーのように頑なにフロギストン説を信じ続けた人もあったが、それでもラヴォアジェの新理論はしだいに受け入れられていき、ついに化学に革命をもたらしたのである。彼は同僚と共に当時混乱して

いた化学の用語を体系化する試みも行い、新しい化学の普及を目指して、1789 年に『化学原論』という教科書を出版した。この本は当時の最新の化学の理論と実験法を体系的に論じたもので、その後数十年にわたって化学教育の標準教科書となった。『化学原論』の中で論じられた概念の中で注目すべきは、「化学反応の前後で系の総質量は変化しない」という‘質量保存の法則’である。この法則は、今でも普遍の原理として使われているが、当時の西欧ではまだ知られてはいなかった。このようにして化学の近代化は達成されたが、皮肉なことにラヴォアジェが『化学原論』を出版した 1789 年にフランス革命が起り、徴税請負人であった彼は、革命後の恐怖政治の犠牲になって命を落とした。

　ラヴォアジェの化学革命で、定量的な科学としての近代化学は本格的にスタートした。ラヴォアジェは、「化学的方法では分解できない物質が化学元素である」と定義したが、これは実践的なものであって、分析法が進歩すれば元素がそうでなくなる可能性も含んでいた。ラヴォアジェは元素として 33 の物質をあげたが、その中には‘光’と‘熱素’も含まれていたし、後にさらに分けることができて元素ではないことがわかったものもあった。ラヴォアジェの考えはまだ原子説には至っていなかったが、『化学原論』が出版されてから 30 年の間に次々と新しい元素が発見され、原子という概念へとつながっていった。

c) 原子説

　18 世紀の終わりから 19 世紀の初頭にかけても分析技術は着実に進歩し、この頃大きく発展した鉱山業の要請もあって鉱物の分析が盛んに行われた。その結果多くの金属新元素が発見されることになり、『化学原論』が出版された 1789 年から 1804 年の 15 年間の間に 13 の新元素が発見され、さらに 1800 年にヴォルタの電池が発明されてから電気分解が可能となって、次の 10 年間に 8 の新元素が発見されている。金属を含む化合物も多く知られるようになったのだが、どうやらその成分の割合が簡単な整数比で表されることを多くの化学者が気づき始めていた。化合物が生成するときにはその成分はどのような比になっているのだろうか。プルーストは一連の注意深い分析

COLUMN 2　近代化学の創始者：ラヴォアジェ

　ラヴォアジェは 1743 年にパリで裕福な弁護士の子として生まれた。法曹界に入ることを期待されてマザラン学院で教育を受けたが、そこで科学に興味をもち、在籍中に王立植物園の講義室で行われたルエルの一般化学の講義に出席して化学の知識を得た。大都市の照明に関する懸賞論文に応募して分析力の鋭さを示してアカデミーの賞を得た。1768 年に科学アカデミーの助手となり、科学者として次第にその実力を認められていった。1772 年に科学アカデミーの準会員となり、1778 年には正会員となった。科学アカデミーは国家への助言を行い、諮問に答える公的機関で、正会員は政府から俸給を受け取る高給官僚であった。

　彼は父親から莫大な遺産を受け継いだので裕福であったが、さらに経済的な安定を求めて 1768 年に総括徴税請負人の株を買い取った。徴税請負とは、政府からタバコ、塩、輸入品に対する徴税を請け負い、毎年一定額を国家に納める民間の機関であった。彼は科学アカデミーや徴税請負人としての仕事で忙しく、化学研究はその合い間の楽しみだったのだろう。彼の 1 日の生活はつぎのようなものであった。朝 5 時に起床して、6 時から 9 時まで化学の研究をし、午前中は徴税請負事務局、午後は火薬管理局と科学アカデミーに顔を出し、夕食後の 7 時から 10 時までを実験室で研究をして過ごした。科学アカデミーの会員としては、様々な問題について報告書を書いた。彼が手掛けた問題の中には次のようなものがあった。パリの給水、監獄・病院の改善、催眠術、水素気球、漂白、陶磁器、火薬製造、染色、ガラス製造などである。

　ラヴォアジェは財政家としても優れた貢献をした。革命が始まると徴税請負制度は廃止され、国民議会は土地と建造物に基づく直接税に切り替えようとした。しかし、国家の総収入を知る人が誰もおらず、政府はラヴォアジェに新しい税制への基礎作りを依頼した。彼は人口統計的な研究に基づいて「フランス王国の国富」という独創的な報告書を書いて国富の査定の仕方を提示した。彼は、化学研究で用いたのと同じような定量的なアプローチを、社会的、経済的な問題の解決にも適用したのである。

　しかし、これらの社会的貢献、化学研究における比類ない業績にもかかわらず、フランス革命の嵐の中での恐怖政治は、総括徴税請負人という民衆の憎悪の対象である組織の一員であった彼を例外とすることはなかった。タバコに水やその他の混ぜ物をし、法外な利子を取り、国庫に収めるべき金を着服したという無実の罪で、他の徴税人仲間と一緒に逮捕・告発され、裁判の結果、1794 年 5 月 8 日に革命広場でギロチンにかけられた。裁判長はラヴォアジェを弁護した彼の友人に反論し、「共和国に科学者は不要である。ただ正義を貫くのみ」と言ったと伝えられる。

　ラヴォアジェは 1771 年に有力な徴税請負人の娘と結婚した。彼女は大変有能な女性で、夫が大化学者であることを知ると、化学を学んで実験助手、記録係、秘書となっ

て夫の研究を助けた。画家に付いて絵を学び、夫の著書に収められている実験装置の図を書いた。ラヴォアジェの「化学原論」には彼女が描いた当時の実験装置の図が載っている。また、彼女は夫の化学者仲間が集まるサロンでホステス（女主人）の役割を立派に果たした。女性が高等教育を受けたり自立して研究を行ったりする機会がほとんど無かった時代に、化学の発展に大きな貢献をした特筆すべき例であろう。

結果に基づいて、「ある化合物が生成する場合、どのような製法で作られても一方の元素の一定量と化合する他方の元素の重量比は一定である」という'定比例の法則'を主張した。この考えをさらに進めて、イギリスのジョン・ドルトンは、「2種の元素が結合して化合物を作るときその結合比は簡単な整数比をなす」という'倍数比例の法則'を見出し、これらの法則が原子の存在を考えることによって矛盾なく説明できることを示した。

　ドルトンは、この原子説を1808年に出版した『化学哲学における新体系』という本で展開した。彼の説は次の4つの仮定に基づいていた。

1) 全ての物質は硬くて分割不可能な原子から成り立っている。この原子は熱雰囲気によって取り囲まれていて、この熱の量は原子集団の状態によって異なる。

2) 原子はどのような化学変化によっても壊されず、もとのままである。

3) 元素の数だけ原子の種類があり、一つの元素に1種類の原子が対応する。

4-3　ドルトンが考えた水素気体

4）相対的な原子の重さを表す原子量を実験的に決めることができる。

図4-3は、ドルトンが考えた水素気体で、水素原子が熱雰囲気に取り囲まれている。原子が結合して化合物ができる場合、彼は次のような仮定を導入した。2つの元素、A、Bから1種類だけの化合物が生じる場合はAB、2種類の化合物が生じる場合はAB_2またはA_2Bであり、3種、4種の化合物も同様に考えることができる。また、彼はそれまで知られていた分析結果から原子量を決定した。水素は一番軽い元素であり、その原子量を1として他の元素の原子量が決定した。しかし、化合物における結合比が誤っていれば、決められた原子量も誤ったものになる。たとえば、水素と酸素の化合物は当時水しか知られておらず、彼は水をHOと仮定して、酸素の原子量を7としていた。

さらに、ドルトンは原子や化合物を記号で表した。たとえば、図4-4に示されているように、水素は◉、酸素は○、炭素は●、水は◉○、一酸化炭素は○●といった具合である。この記号は、人々が原子の実在を信じ、化学反応を視覚的に捉えるのに役に立ったが、実際には印刷に費用がかかり、一般にはあまり普及しなかった。その後、スウェーデンの化学者ベルセリウスに

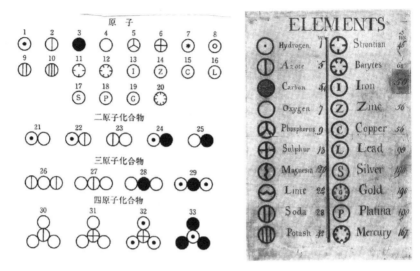

4-4　ドルトンの原子記号

よって、元素名のイニシャルまたは最初の2文字で表す体系が提案された。
たとえば、水素はH、炭素はC、酸素はO、銅はCu、鉄はFeと表され、こ
の表記法が現在まで続いている。

　数多くの新元素が発見されると、それぞれの正確な原子量を決定しようと
する努力も始まった。ベルセリウスは、純度の高い試薬を用い、巧みな重量
分析の手法を考案して実験を行い、正確な分析結果を得た。しかし、正しい
原子量の決定には化合物における元素の結合重量比と正しい化学式が必要で
あり、当時は多くの化合物でこれがまだ正確に知られていなかったので、決
定された原子量にも誤りが多かった。また、原子量の決定の基準とする原子
の選択にも問題もあった。ドルトンは水素原子の原子量を1として他の原子
量を決めたが、多くの元素は安定な水素化物を作らず、直接原子量を決める
ことができなかった。これに対して、酸素は多くの元素と安定な化合物を作
りより正確な分析に適していたので、ベルセリウスは酸素の原子量を100と
する新たな基準を用いて原子量を決定し、1814年に最初の原子量の表を、4
年後にはその修正版を発表して、47の元素の原子量の値を報告した。

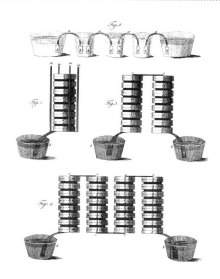

4-5 ヴォルタの電池

　ドルトンの原子量は全て整数であったので、全ての原子は水素から成り立っているというプルーストの仮説も提案されていたのだが、ベルセリウスの原子量では整数から大きく異なるものが多くなり、少し混乱もあった。ベルセリウスの決めた原子量は、彼の用いた化学式が正しい場合には現代のものと比べても正確なものが多いが、金属酸化物について誤った化学式を用いたために金属元素では、正しい値と 2 倍から 4 倍のものも多くあった。これらの誤りのいくつかは、プチとデュロンによって 1819 年に報告された「多くの元素の固体では比熱と原子量の積が一定である」という発見によって訂正された。デュマは 1826 年に常温で液体または固体の物質の蒸気密度を測定する方法を考案し、蒸気の密度から原子量を決定しようとした。しかし、彼の測定結果はしばしば化学分析から得られた結果とは合わなかった。その原因は蒸気の気体分子が 2 量体や多量体を形成することにあったのだが、当時その事実は知られていなかった。原子量を正確に決めようという努力はその後も続けられたが、正しい結果はなかなか得られず、混乱はしばらく続くことになった。

COLUMN **3**　　　　近代的な原子説の創始者：ドルトン

　近代化学はジョン・ドルトンの原子説からスタートしたと言って良かろう。彼は1766年にクエーカー教徒の貧しい織物工の息子として、イギリス中部カンブリア州イーグルスフィールドで生まれた。村の小学校で初等教育を受けたが、独学で数学や科学の知識を習得し、そこの教師が引退すると12歳で教師になった。15歳の時兄と共に近くのケンダルでクエーカー教徒の学校を運営した。1793年までケンダルに留まったが、その後マンチェスターに移り、新たに創設されたマンチェスター・アカデミーで数学と自然哲学の教師になった。1800年までそこで教師を続けたが、大学の財政が悪化したため職を辞し、その後は数学と自然哲学の家庭教師をしながら研究を続けた。当時産業革命に沸くマンチェスターでは、新興のブルジョアの間に家庭教師の需要があった。彼はマンチェスターの文芸・哲学協会に属して研究活動を続け、次々と成果を発表した。

　ドルトンはイーグルスフィールドのクエーカー教徒の気象学者で機器製作者のロビンソンの影響で気象学への興味を植え付けられ、1787年頃から気象学に関する日記を付けて、大気中の水蒸気の量を研究するようになった。彼は空気中の水蒸気の量は温度と共に増加し、それは空気を他の気体に変えても同じであることを見出し、空気中の水蒸気は酸素や窒素とは化学的に結合していないと確信するようになった。乾燥した空気に水蒸気を加えると、水蒸気の圧力だけ全体の圧力が増加することを見出し、混合気体の全圧は各気体の圧力の和に等しいという‘分圧の法則’を導いた。彼は、同種の粒子は互いに斥力で反発するが、異種の粒子はお互いに無視し合うとして混合気体の性質を説明した。これらの研究から彼は化学的原子説に導かれ、1803年頃から原子量の概念を発展させ始めて1808年に『化学哲学における新体系（New System of Chemical Philosophy）』を出版して原子説を確立した。こうしてラヴォアジェの元

素の概念と原子説が結びついて 19 世紀の化学がスタートしたのであった。しかし、ドルトンは単体の気体は 1 原子から成ると考え、2 原子分子の気体の存在を受け入れなかったので、その後原子量に関して長く混乱が続くことになった。

　ドルトンに関しては色盲に関する逸話が有名である。1794 年に彼は自らの色覚を題材にした論文をマンチェスターの文芸・哲学協会で発表した。彼は自分の色覚の異常について、「他人が赤と呼ぶ色は私には単なる影のやや明るい部分にしか見えない。オレンジ色、黄色、緑は様々な明るさの黄色にしか見えない」と記した。彼は先天性の色覚異常（色盲）が眼球の液体培地の変色によって起きるという仮説を提唱した。この仮説は誤りであったが、彼の研究の先駆性は評価され、先天性の色覚異常はドルトニズムと呼ばれるようになった。

d) 電池の発明と化学

　1800 年にイタリアの物理学者ヴォルタは、亜鉛と銀のような 2 種の金属版で塩水に浸した紙やフェルトを挟んだものを積み上げて作った電池（図4-5）から、定常的な電流を得られることを報告した。この発明は大きな反響を呼び、直ちに化学の研究に利用された。1802 年にベルセリウスは電流が塩類を分解することを見出し、ここから原子は正または負の極性を持っていて、原子が結合して化合物を生じるのは電気的な力によるとする ‘電気化学的二元論’ が導かれた。ハンフリー・デイヴィーは強力な電池を用いて様々な塩の電気分解を行い、ナトリウム（Na）、カリウム（K）、マグネシウム（Mg）、カルシウム（Ca）、ストロンチウム（Sr）の新元素を発見した。

　マイケル・ファラデーは、水の電気分解で生じる水素の量で流れた電気量を測定する装置を考案し、流れる電流の量と分解される物質の量の間の定量的な関係を調べて、二つの電気分解の法則を発表した。第一の法則は、電気分解で電極に生じる物質の量は、溶液に通じた電気量に比例するというものであり、第二の法則は、ある一定量の電気によって遊離される金属の質量（電気化学当量）はその金属の当量に比例するというものであった。ファラデーは 1853 年にヒューエルと共同でイオン、アニオン、カチオンなどの術語を導入したが、それらは電極で放電される電解質の一部を意味するもので、現在の意味とは少し異なっていた。イオンの本質が明らかになったのは、19世紀末に物理化学が誕生してからのことである。

COLUMN **4**

マイケル・ファラデー

　マイケル・ファラデーは 1791 年に鍛冶屋の息子に生まれ、初等教育しか受けなかった。13 歳の時にロンドンの製本屋の徒弟になったが、製本のために持ち込まれた本を読みふけって知識を習得し、科学に興味を持つようになった。中でもマーセット夫人の書いた化学の入門書と百科事典の電気に関する部分に魅せられた。店の顧客の一人に連れられて、ファラデーは王立研究所でのデーヴィーの一連の講演を聴いた。感激したファラデーは講演を図入りの本に製本してデーヴィーに贈り、助手に採用してくれるように懇願した。1813 年にその願いが叶って助手になり、翌年デーヴィー夫妻の 1 年半にわたるヨーロッパ大陸の旅行に同行し、デーヴィーから多くを学ぶとともに、フランスやイタリアの著名な科学者の面識を得て科学者として大きく成長した。1825 年に実験室主任となり、驚くほど広い分野で素晴らしい成果を上げ、1831 年にはフラー記念化学教授に任命された。

　ファラデーが先鞭をつけた分野は、化学と物理の驚く程広い分野にわたっている。彼はまず分析化学から研究を始め、1819 年までにイギリス最高の分析化学者になっていた。1820 年代にはベンゼン、イソブテン、テトラクロロエテン、ヘキサクロロエタン、ナフタレンなどの新しい有機化合物を発見した。1823 年には、加圧と冷却によって塩素の液化に成功し、後に CO_2、SO_2 なども液化した。さらにその温度以上では加圧しても液化の起こらない臨界温度の存在を初めて確認した。生涯の終わり頃には金属コロイドの溶液を発見してコロイド化学の先駆的な研究も行った。

　ファラデーが大きな貢献をした分野に電気化学がある。1834 年頃に彼は「ファラデーの電気分解の法則」と呼ばれる法則を発見した。また現在使われているイオン、アニオン、カチオンなどの術語もファラデーが導入したものである。しかし、彼は原子論には懐疑的であったので、これらの語の意味は現在のものとは異なっていた。

　科学全体で考えるとファラデーの業績の中で最大のものは電磁気学に関するもので

あろう。1831 年に彼は電磁誘導を発見し、それはすぐに発電機の実現につながり、そこから電気工業が生まれ、人類の生活を一変させることになった。ファラデーは磁石や電流の流れている導線の周りの空間に対する場の概念からそこに「力線」が存在すると考え、磁石の周りに鉄粉をまいて、実際にそれを見せた。「力線」の概念は後の電磁気学の発展に大きく寄与した。

ファラデーは科学の成果を一般の人々の間に普及させることに多大の努力をはらった。王立研究所は科学についての一般講演などによって、イギリスの科学、文化に大きな貢献をしてきたが、一般市民を対象にした金曜講演の伝統を完成に近づけたのはファラデーで、この講演は世界で最も有名な「科学の劇場」として今日まで続いている。十分な教育を受ける機会も持たず、数学に関しては簡単な算数しか知らなかったファラデーが、長い科学の歴史において最高の実験科学者とされる偉業をどうして成し遂げることができたのか、興味がつきない。

e) アヴォガドロの仮説と分子

フランスの化学者ゲイ・リュサックは、気体の反応における結合体積比を研究し、1808 年に「気体反応における反応物の体積比は常に簡単な整数比で表される」という‘結合体積比の法則’を発表した。しかし、ドルトンはこの法則を信じなかった。ゲイ・リュサックは自ら見出した「2 体積の一酸化炭素（CO）と 1 体積の酸素（O_2）が反応して 2 体積の 2 酸化炭素（CO_2）が生じる」という事実を、酸素を単原子分子（O）と考えていたドルトンには理解できなかったからである。

1811 年にアヴォガドロは、同一の圧力、温度の条件下では、同じ体積の気体は同じ数の分子を含み、また、気体分子はすべて 2 原子分子から成っていて、反応においては分子は半分子（原子）に分離すると提案した。しかし、この提案は当時の化学者たちにはまったく受け入れられなかった。ドルトンの原子論では、原子は熱の衣に包まれており、熱によって生じる斥力のために同じ種類の原子が 2 原子分子を作ることは考えられなかったからである。ベルセリウスは化学結合の本質は電気力であると考えたので、同種の電荷を帯びた同種の原子は反発し合うはずであった。こうして、アヴォガドロの仮説は以後 50 年近く無視されたままであった。

原子量をめぐる混乱は 19 世紀の中頃まで続いた。その頃になると有機化

学が発展して、多くの有機化合物の化学式が決められるようになったが、分子量の決定の際の基準となる原子量が不確定なため、混乱はますます深刻になっていった。イタリアの化学者スタニズラオ・カニツァーロは、アヴォガドロの仮説を適用すれば多くの問題が解決されることを見抜き、1858年にイタリアの雑誌に論文を発表してアヴォガドロの仮説の正しさを示そうとした。彼は蒸気の密度を2原子から成る水素の密度と比較すれば、元素や化合物の分子量が正しく決められることを認識し、多くの分子の正確な分子量を報告した。さらに水素、酸素、窒素、塩素などは2原子分子であるが、硫黄、リン、水銀、ヒ素は、それぞれ、6原子、4原子、1原子、4原子であることも示した。

　カニツァーロの論文はすぐには注目されなかったが、1860年にドイツのカールスルーエで開催された国際会議を機に状況は大きく変わった。この会議の目的は、当時混乱していた原子量、分子量、化学式などについて意見を交して統一した基準を作ろうというものであり、ヨーロッパの主だった化学者が参加した。カニツァーロはこの会議で、原子量、分子量の決定の際にアヴォガドロの仮説を適用すべきことを訴え、多くの出席者に感銘を与えた。会議の最後にはカニツァーロの論文が配られ、彼の考えは受け入れられていった。

f）元素の周期性の発見と周期表

　18世紀の終わりから19世紀の初めにかけて新元素の発見が相次ぎ、1830年には54の元素が知られるようになったのだが、その後新元素の発見はしだいに難しくなった。1860年にドイツ、ハイデルブルグ大学のブンゼンとキルヒホフは、バーナーで塩を加熱して得られる炎の色をプリズムで分光すると元素に特有のスペクトルが観測できることを利用して、新元素セシウムを発見した。図4-6は、ブンゼンとキルヒホフが実験に使った分光器である。この分光法は、その後の新元素の発見で極めて重要な役割を演じるようになった。

　元素の数が多くなるにつれて、化学者は元素を分類しようと試みるようになった。ドイツの化学者デーベライナーは、アルカリ土類（カルシウム（Ca）、ストロンチウム（Sr）、バリウム（Ba））、アルカリ金属（リチウム（Li）、ナ

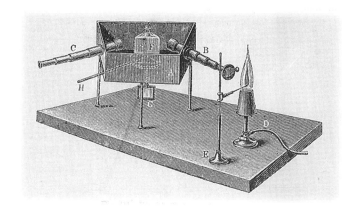

4-6　ブンゼンとキルヒホフの分光器

トリウム（Na）、カリウム（K））、ハロゲン（塩素（Cl）、臭素（Br）、ヨウ素（I））のような似た性質を示す 3 つ組の元素があることに注目した。1863年にイギリスのニューランズは、元素を原子量の順に並べるとグループの最初の元素から数えて 8 番目に同じグループに属する類似した性質が現れることを指摘し、「オクターヴ則」と名付けて報告した。しかし、この分類には明らかな無理もあり、一般に受け入れられることはなかった。

　元素の周期表の発見に独立に成功したのは、ロシアのドミトリー・メンデレーエフとドイツのロタール・マイヤーであった。メンデレーエフは原子価と性質の類似性に注目して、原子量の順に元素を並べると、はっきりした周期性が現れることを認識し、1869 年に元素の周期表を発表した（図 4-7）。ここで彼は大胆な取り扱いをした。まず、水素を他の元素から離したこと、次に、まだ発見されていない未知の元素に対して空欄を設けたこと、原子量も性質も似た元素を一つのグループにしたことなどである。また当時の原子量には不正確なものがあり、原子量の順を変える必要のある場合があるとも考えた。1971 年に発表された周期表では、元素が 12 の横の列に並べられ、縦の列は I から VIII のグループ（族）に分けられた。同じころドイツのロタール・マイヤーは原子容（単体の原子 1 モルが占める体積）に注目して元素の

Ueber die Beziehungen der Eigenschaften zu den Atomgewichten der Elemente. Von D. Mendelejeff. — Ordnet man Elemente nach zunehmenden Atomgewichten in verticale Reihen so, dass die Horizontalreihen analoge Elemente enthalten, wieder nach zunehmendem Atomgewicht geordnet, so erhält man folgende Zusammenstellung, aus der sich einige allgemeinere Folgerungen ableiten lassen.

			Ti = 50	Zr = 90	? = 180
			V = 51	Nb = 94	Ta = 182
			Cr = 52	Mo = 96	W = 186
			Mn = 55	Rh = 104,4	Pt = 197,4
			Fe = 56	Ru = 104,4	Ir = 198
		Ni = Co = 59		Pd = 106,6	Os = 199
H = 1			Cu = 63,4	Ag = 108	Hg = 200
	Be = 9,4	Mg = 24	Zn = 65,2	Cd = 112	
	B = 11	Al = 27,4	? = 68	Ur = 116	Au = 197?
	C = 12	Si = 28	? = 70	Sn = 118	
	N = 14	P = 31	As = 75	Sb = 122	Bi = 210?
	O = 16	S = 32	Se = 79,4	Te = 128?	
	F = 19	Cl = 35,5	Br = 80	J = 127	
Li = 7	Na = 23	K = 39	Rb = 85,4	Cs = 133	Tl = 204
		Ca = 40	Sr = 87,6	Ba = 137	Pb = 207
		? = 45	Ce = 92		
		?Er = 56	La = 94		
		?Yt = 60	Di = 95		
		?In = 75,6	Th = 118?		

4-7　メンデレーエフの最初の周期表（1869）

分類を試みた。原子量を横軸に原子容を縦軸にとって並べると、元素は明らかな周期性を示した。マイヤーもこの研究を 1870 年に出版したが、メンデレーエフが周期表の発見者として認められるようになったのは、彼が周期表に空欄を設けてそこに入るべき元素の性質まで予言し、その元素が実際に間もなく発見されたことによる。メンデレーエフは原子量 44 のエカ・ホウ素、68 のエカ・アルミニウム、72 のエカ・ケイ素の存在を予言したが、これらはそれぞれ、スカンジウム（Sc）、ガリウム（Ga）およびゲルマニウム（Ge）として発見され、メンデレーエフの評価は高まった。

　メンデレーエフが修正した周期表を報告した 1871 年には、希土類の元素はまだ 5 つしか知られていなかった。彼はこれらを III 族、IV 族、V 族に押し込めたが、19 世紀終わりごろになって新しい希土類元素が続々と発見されると、これらをどう取り扱うかが大きな問題になった。さらに 1894 年から 1898 年の間に、アルゴン（Ar）、ネオン（Ne）、クリプトン（Kr）、キセノン（Xe）の希ガスが次々に空気中から発見された。1892 年にケンブリッジ大学の物理の教授であったレイリー卿は、アンモニアから生成した窒素は、

空気中から得た窒素よりも実験誤差以上に軽いことを見出した。同じ頃、ロンドンのユニヴァーシティ・カレッジのラムゼーもこの問題に悩んでいた。2人は相談して研究を進め、空気から窒素、酸素、水蒸気、二酸化炭素を除いたら何が残るかの実験に取り組んだ。そして、1884年の夏までに大気中に未知の不活性の気体が含まれていることを確信し、レイリー卿はこの未知の気体の物理的性質を、ラムゼーはその化学的性質の研究を続けた。ラムゼーの残留気体は既知の元素のスペクトルにはないスペクトル線を示し、この気体は反応性を全く持っていなかった。こうしてアルゴンが発見され、原子量は40で単原子分子であることが確認された。その後、クレーブ石という鉱物を加熱する際に発生する不活性な気体はアルゴンと違うことが見出されてヘリウム（He）が発見されたが、この気体のスペクトルは太陽の中に存在する元素として見出されていた元素のスペクトルと一致した。元素名は、古代ギリシャの太陽神 'Helios' に由来している。ラムゼーはさらに大量の液体空気を入手し、それを分別蒸留し、最後に残った少量の液体を気化させてスペクトルを調べ、クリプトン（Kr）、ネオン（Ne）、キセノン（Xe）を発見した。

　希ガスの発見で、メンデレーエフの周期表は修正を余儀なくされ、5つの不活性な希ガスが原子価ゼロの新しい族として加えられて周期表はほぼ完成した。ただし、元素の周期性がなぜ起こるのか、元素の性質の違いがどうして生じるかを理解することはできず、それには20世紀になって量子論が誕生するのを待たなければならなかった。

COLUMN 5　　　　　メンデレーエフと元素の周期表

　ドミトリー・メンデレーエフは 1834 年 1 月にロシアの西シベリアの町トボリスクで生まれた。父親は首都サンクト・ペテルブルグに開校されたばかりの師範学校で学び、中学校（ギムナジウム）の教師になった。その後いくつかの赴任地を巡ってトボリスクに赴任し、そこで末の 17 人目の子としてドミトリーは生まれた。父が白内障になったためにやがて退職を余儀なくされ、母がガラス工場の経営を請け負って一家を支えた。しかし、父も間もなく亡くなり、母はトボリスクを引き払い、家に残っていたドミトリーと娘エリザヴェータを連れてドミトリーに高等教育を受けさせるためにモスクワに出た。しかし、モスクワでは大学に入学できず、翌年ペテルブルグに移って高等師範学校に入学した。この学校は官費によって中等・高等教育機関の教員を養成するための学校で、サンクト・ペテルブルグ大学の建物の一部を占め、教官もほとんど共通で、事実上大学と同等の教育が受けられた。貧しい彼にとってこれは大変幸運であった。彼は 1855 年、公開卒業試験を最優秀の成績で合格して高等師範学校を卒業した。

　南ロシアの中等学校に派遣されている間に大学に提出する修士論文を準備し、それを提出して修士号を取得、講師資格論文にも合格して 1857 年 1 月にサンクト・ペテルブルグ大学の講師となった。そして、その 2 年後に念願であった官費での西欧留学が実現した。彼は 1859 年 4 月に 2 年間の予定でドイツ、ハイデルベルクに留学した。借りた住居の一室を実験室として、様々な温度で表面張力を測定し、'分子間力' の普遍的な関係を発見しようと試みた。1861 年 2 月に帰国することになったが、その前年の 9 月にドイツのカールスルーエで開かれた国際会議に出席したことが大きな衝撃となった。この会議は当時混乱していた化学の原子量などの基礎概念を収拾しようとして開かれた会議であった。この会議でカニツァーロは原子量・分子量の決定に際して、アヴォガドロの仮説を適用すべきことを訴え、それが認められて会議の最後にはカニツァーロの論文が配布され、その影響は次第に拡がっていった。メンデレーエフはこの会議が周期律に至る第一歩であったと後に語っている。

　帰国後メンデレーエフは啓蒙的、教育的な著作作りに精力的に取り組んだ。そして 1869 年に大学生向けに『化学の原理』と呼ばれる無機化学の教科書を書き始めた。そのきっかけは、彼が「一般化学」講座の教授になったことであった。教科書執筆にあたり、明確な原理に基づいて元素を分類しようと試みた。彼はその基本原理を原子量と化学的類似性として元素の配列を考察した。このような配列法は「元素の間に存在する自然の類似性と矛盾しないばかりでなく、むしろその類似性を明示するものである。」ことがわかった。こうして既知の元素族を超えて、新しい元素族の存在さえも示す、全元素の分類に成功したのであった。メンデレーエフの最初の周期表「原子

量と化学的類似性に基づく元素の体系の試み」は印刷され、1869 年 3 月 1 日、ロシア国内と国外の主な化学者に送付された。国内向けにはロシア語の表題が、国外向けにはフランス語の表題がつけられた。

その後、1870 年末までの研究で彼の周期表は完成度を高め、未発見元素の詳しい性質の予言にまで進んだ。総括的な論文が 1871 年の始めに書き始められ 7 月にロシア語原稿が完成し、その独訳版が『化学薬学年報』誌に送られた。これが 100 ページに近い詳細な論文「化学元素の周期律」である。

5 生気論から生命の化学へ

　人類は古くから、物質を燃えるもの（可燃物）と燃えないもの（不燃物）の２種類に大別してきた。可燃物の代表は木と油であり、水、土、岩などの鉱物の大部分は不燃物である。可燃物の大部分は生物から生じるものであり、燃焼によって別の物質に変化するものが多い。19世紀の初頭にベルセリウスは、有機体特有の産物である油脂や糖のような物質を'有機物'とよぶことを提案した。これに対して、水や塩のような物質は'無機物'とよぶ。有機物は加熱によって無機物に変わることがあるが、無機物から有機物への変化は当時はまだ知られていなかった。

　有機化合物は一般に複雑で定量的な研究が難しく、無機化合物に比べると解明が遅れていたが、19世紀に入ると新しい有機化合物が動植物から次々と分離されるようになり、有機化学は大きく進歩した。しかし当時は、「有機物は動物や植物中で生命力の特別な力によって合成される」とする'生気論'が支配的な考えであり、有機物を人工的に創り出すことはできないと考えら

5-1　フリードリヒ・ヴェーラー

れていた。しかし、1824年にフリードリヒ・ヴェーラーは、銀のシアン酸塩と塩化アンモニウムの溶液から白色の結晶を得たが、それは予想したシアン酸アンモニウムではなく、尿から得られる尿素であることを発見した。

尿素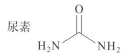

尿素は有機化合物で、彼の発見は当時の生気論の通念を覆す画期的なものであった。この発見に刺激を受けた化学者たちは、無機物から有機物の合成を次々と試み、これから有機合成化学が始まった。ヴェーラーの弟子のコルベは、1845年に二硫化炭素から酢酸を合成することに成功した。フランスの化学者ベルテローは、19世紀の中頃に有機化合物の組織的な合成を試み、メチルアルコール（CH_3OH）、エチルアルコール（C_2H_5OH）、メタン（CH_4）、アセチレン（C_2H_2）、ベンゼン（C_6H_6）などの有機化合物を無機物から合成することに成功した。彼らの研究は生気論にとどめを刺すものであった。

a) 有機化学のめざましい発展

18世紀までの化学では、簡単な無機化合物を表すのに、それぞれの分子に存在する異なる原子の種類と数を示す'組成式'を決めればそれで充分であると思われていた。たとえば、水はH_2O、塩化水素はHCl、アンモニアはNH_3という組成式で表される。しかし、19世紀の前半に有機化合物の分析法が進歩すると、同じ組成の物質でも異なる性質のものがあることがわかってきた。雷酸塩と呼ばれる物質の研究をしていたリービッヒと、シアン酸銀の研究をしていたヴェーラーは、この二つの物質の元素の組成は全く同じで、いずれも銀、酸素、窒素、炭素の原子を1原子ずつ含んでいるのに、その性質は全く違うことを見出した。ベルセリウスは、このような組成は同じでも性質の異なる化合物を'異性体'とよぶことを提案した。シアン酸と雷酸の銀塩の場合は簡単で、それぞれ AgOCN および AgNCO と簡単に区別して書けるが、多くの原子を含むより複雑な有機化合物をどう表せばよいかは、当時の化学者にとってはかなり困難な課題であった。

5-2　ギーセン大学のリービッヒの実験室の風景

　有機化合物の分析は無機化合物の分析と比べて難しいものであるが、1830年代にドイツのギーセン大学のリービッヒによる分析法の改良で大きな進歩が見られ、多くの有機化合物の組成が正確に決められるようになった。リービッヒは、ギーセン大学で実験を重視した学生を教育する新しい教育法を創始し、多数の優秀な化学者を養成した。その弟子たちは、ドイツの各地の大学に移ってギーセン流の化学教育を実践し、その後世界中に広まって、ドイツが有機化学で世界をリードする基盤を築いた。図5-2は、その実験室の風景を描いたものであるが、生き生きとした研究室のようすがよく表わされている。リービッヒはまた、農業化学や生理化学の本を出版し、これらの分野の発展に大きな影響を与えた。19世紀の後半における化学の発展と拡がりに最も大きな貢献をした化学者であると言えよう。

　このようにして有機化学の研究が盛んになると、有機化合物を化学的な基準で分類して表そうとする試みが始まった。最初に考えられたのは「基（あるいは根）」の概念を用いた分類であるが、それは一連の反応を通してその同一性が保たれる化合物の安定した一部分を指し、今でも用いられているメチル基（CH_3）、エチル基（C_2H_5）、アセチル基（CH_3CO）などに対応するものである。また、有機化合物の体系的な理解に寄与したもののひとつに、「型」の理論があった。これは、水、アンモニア、水素、塩化水素の4つの無機物

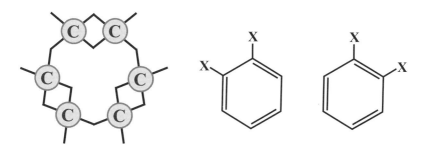

$$\left.\begin{array}{l} H \\ H \end{array}\right\}O \qquad \left.\begin{array}{l} C_2H_5 \\ H \end{array}\right\}O \qquad \left.\begin{array}{l} C_2H_5 \\ K \end{array}\right\}O \qquad \left.\begin{array}{l} C_2H_5 \\ C_2H_5 \end{array}\right\}O$$

5-3　水型の分子

5-4　ケクレのベンゼン　　　　　　5-5　2つのオルト異性体

　の型によって有機物を分類しようとするものであり、たとえば、アルコール、エーテル、アルコレイトなどは水の水素原子を基あるいは原子で置換して得られる水型の分子である（図5-3）。アミン、アミド、窒化物はアンモニア型に、パラフィン、アルデヒド、ケトンは水素型に分類された。「型」の理論では、酸素原子はいつも2個の原子または基と結合し、窒素原子は3個の水素または基と結合する。ここから、元素は限定された数の結合力を持つとする‘原子価’の概念が生まれた。1958年にクーパーは、炭素は4価で互いに結合して炭素鎖を作るというモデルを作り、原子間の結合を短い点線で表す構造式を提案した。これがさらに発展して、隣り合った2つの原子間に2重の結合や3重の結合のある場合にも拡張され、現在用いられている化学構造式の起源となった。この構造式は同じ実験式を持つ異性体を区別して表すことができて便利であった。たとえば、エチルアルコール（C_2H_5OH）とジメチルエーテル（CH_3OCH_3）は同じ実験式（C_2H_6O）をもつが、異なった物質であることをこれによって明瞭に示すことができる。

　有機物の構造に関する初期の大きな問題はC_6H_6で表されるベンゼンの分子構造であった。1865年にケクレは、図5-4のような6個の炭素原子が交

互に一重結合と二重結合で結ばれた六角形の環構造を提案してこの問題を解決しようとした。しかしながら、二重結合と一重結合が固定された場合に生じるはずの二つのオルト置換体の異性体（図5-5）が実験で得られないなど、ケクレの考えにすぐに納得しない化学者もあったが、多くはこれを満足な仮説として研究を進め、19世紀の後半に芳香族分子の化学は大きく発展した。ただ、実際のベンゼン分子は正六角形の構造をしていることがわかっており、その真の理解は20世紀になって量子化学が出現するまで得られなかった。

COLUMN 6　　　　リービッヒと化学教育の改革

　19世紀の初めには、まだ化学はほとんどの大学では正規の学問としては教えられておらず、化学者の教育も行われていなかった。この状況を一変させて、化学が人気のある学問として発展するのに大きな貢献をしたのはリービッヒであった。

　21歳の若さで小さなギーセン大学の教授になったリービッヒは、一度に多数の学生に実験をさせて化学を学ばせるという全く新しい化学教育の方式を始めた。最初は大学からの援助もなく個人的な事業として始めたが、しばらくして実験室は大学の公的施設となり、ドイツ国内はもとより世界中から学生や若き研究者が集まった。リービッヒの実験室の教育では有機化合物の分析に重点が置かれ、系統的で当時の化学研究に適していた。彼自身が優れた実験家で、新しい装置を工夫して研究を進め、彼の研究への情熱とインスピレーションは学生に大きな影響を与えた。グループが大きくなるとリービッヒ自身が学生を直接指導することは少なくなったが、年長の学生が助手として初学者の面倒をみた。年長の学生は研究課題を与えられ、前日の研究の成果を毎朝報告し、リービッヒはこの報告を学生たちと一緒に議論したので、学生は多くの問題について学び、お互いに教育することが出来た。こうして、ギーセン大学は化学教育の中心となり、その後のドイツの大学における化学教育のモデルになった。彼の門下生からは19世紀の後半から20世紀の初めにかけて有機化学および生物化学の発展に指導的な役割を果たした化学者が多数輩出している。いかに多くのノーベル化学賞、生理学・医学賞の受賞者がリービッヒにつながっているかを見れば、彼の教育改革の重要性と彼の教育者としての偉大さがよくわかる。

　リービッヒは1830年代の終わり頃から興味の中心を有機化学から農業化学および生理化学に移して、これらの分野の発展にも大きな影響を与えた。彼自身がこれらの分野で研究したわけではなかったが、彼は本を書いて論争を引き起こした。こうして19世紀における化学の発展と拡がりに、リービッヒは誰よりも大きな役割を果たし

たと言えよう。彼はなぜ農業化学に興味を持ったのだろうか。ドイツの秋、冬の気候は厳しく、耕地は肥沃でなく食料や飼料は常に不足していた。彼は化学者としてその打開策を見出そうと考えたのである。彼の書いた『農業化学』は多くの誤りを含んでいたが、国内外で広く読まれ、その影響は大きなものであった。

　このように偉大なリービッヒであったが問題がなかったわけではない。リービッヒは性急で怒りっぽい性格の持ち主であったようだ。1832 年にドイツの雑誌『薬学アンナーレン』の共編者になってそこに多くの論文を発表したが、編者としてのリービッヒは喧嘩好きで、同時代の化学者の多くを容赦なく批判したが、自分が批判されると激怒し、しばしば頑固に自説に固執した。このような性格のため同時代のほとんどの化学者とは絶交の状態にあったとも伝えられている。

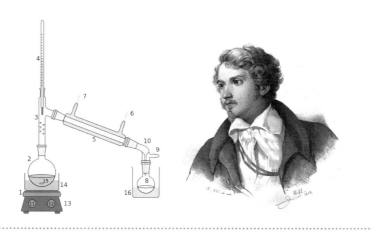

b) 炭素の正四面体説と立体化学

　19 世紀の後半に至るまで、化学者はまだ分子を立体的に捉えてはいなかった。分子を 3 次元的に考える立体化学が始まるきっかけは‘光学異性体’の発見であった。光が砂糖などのある種の結晶を通過するとその偏光面が回転する*という現象（光学活性：図 5-6）は、フランスの物理学者ビオーによっ

---

* **偏光面の回転**　光は電磁波であり、電場と磁場が垂直になって振動している。電場の変化は 1 つの平面内で起こっていて、これを偏光面という。砂糖や乳酸などの光学異性体の結晶を通過した光は、この偏光面が回転する。その回転の方向は右回りと左回りのものがあって、2 種類の光学異性体が確認された。

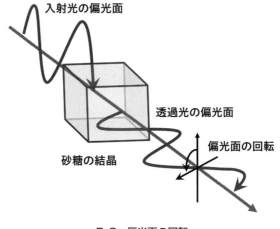

5-6 偏光面の回転

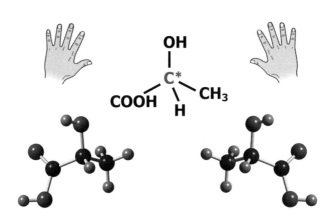

5-7 乳酸の光学異性体（対掌体）

て1815年に見出された。やがて化学者は、組成や化学的性質は全く同じなのに、偏光面の回転の方向だけが異なる光学異性体を発見した。ベルセリウスが発見した酒石酸とブドウ酸はその典型的な例であったが、この現象の理解に向けての第一歩は、フランスのパストゥールの研究であった。ワインを作るときに出る廃液から得られる酒石酸には、その溶液が偏光面を回転させ

5-8　(a) マレイン酸と (b) フマル酸

る（光学活性）ものと、そうでない（光学不活性）ものとがあった。その理由を突き止めたのはファント・ホッフであった。彼は炭素原子の 4 つの結合は 3 次元空間中に正四面体の頂点の方向に伸びており、4 つの結合が異なる原子あるいは基と結合している炭素原子（不斉炭素原子）を含む分子は、光学活性を持つと提唱した。その典型的な例が乳酸である。

　図 5-7 に示すように、乳酸の分子の中央にある C 原子は 4 つのすべて異なる基（H, OH, CH_3, COOH）と結合しており、ちょうど右手と左手の関係と同じ二種類の分子が存在する。これが光学異性体で、l–乳酸と d–乳酸とよばれる。この 2 つの異性体の分子構造は同じで、そのエネルギーや物理的な性質は全く同じである。したがって、通常では 2 つが等量に混合した状態で存在し、これを‘ラセミ体’という。

　ファント・ホッフはさらに、幾何異性体として知られる別のタイプの異性体の存在についても論じた。2 つの違った置換基が二重結合した炭素にあると、二重結合が分子内の自由な回転を妨げるので‘シス’および‘トランス’の 2 種の異性体が生じる。このような異性体として、マレイン酸とフマル酸の例がある（図 5-8）。この 2 つの分子は構造的には同じであるが、C–C 結合の周りの折れ曲がりの角度が異なり、物理的な性質も少し異なる。また、メチル基が 2 つ結合したエタンでは、C–C の結合軸の方向から見て、H 原子がお互いに重なっている構造とお互いにねじれの位置にある構造の 2 つの立体異性体があることも提唱した（図 5-9）。

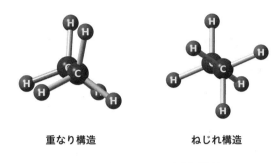

重なり構造　　　　　　　ねじれ構造

5-9　エタンの２つの立体異性体

　天然に存在する有機物や新しい有機化合物を簡単な物質から合成すること
は、それ自体が化学者にとってチャレンジの対象であったが、同時に医薬や
染料などの材料として実用的な需要も大きく、19 世紀の後半には有機合成
化学は化学の人気分野のひとつになった。リービッヒのもとで学位を取った
ホフマンは、1845 年にロンドンに設立された王立化学大学の学長になり、
そこでコールタールの研究を行った。コールタールはコークスと石炭ガスの
生産の際の副産物で、当時は厄介な廃棄物であった。ホフマンは分別蒸留の
技術を改良してコールタールから良質のベンゼンやトルエンなどを分離する
ことに成功し、廃棄物を有効利用する道を拓いた。

　19 世紀の中頃にベルテローは、グリセリンや多価アルコールなどの多く
の有機化合物を無機化合物から合成できることを示した。彼は、硫酸とエチ
レンを反応させ、それを加水分解してアルコールを合成し、また逆にアルコー
ルを脱水してオレフィン＊を合成した。また、ギ酸バリウムを高温で加熱し
てメタンを合成して副生成物としてエチレン、プロピレン、アセチレンを得
たり、炭素電極の電気アークに水素ガスを通してアセチレンを作った後、赤
熱管に通してベンゼンを得たりと、有機合成化学の基盤となるような有用な
化学反応を開発した。

　19 世紀の後半には、今日でもよく使われている有機合成反応が数多く報

＊ **オレフィン**　二重結合を含む鎖状の炭化水素を総称してオレフィンという。

告され、その多くは発見者の名前を付けてよばれるようになった。20世紀に入ってこの‘人名反応’はますます多く発見され、有機合成化学は飛躍的に発展した。フランスのグリニャールは、ハロゲン化アルキルとマグネシウム（Mg）を無水エーテル中で混合した反応剤 RMgX（R はアルキル基、X はハロゲン原子）で表される有機金属試薬、‘グリニャール反応剤’を開発した。たとえば、C=O、ハロゲン化アルキルとそれぞれ次のような反応をする。

$$C_6H_5COC_6H_5 + C_2H_5MgBr \rightarrow (C_6H_5)_2C(C_2H_5)OH$$
$$CH_3I + C_2H_5MgBr \rightarrow CH_3C_2H_5$$

この反応剤は反応性に富み、多くの官能基*と反応するので、すぐに世界中の研究者によって多くの合成反応に使われるようになった。

c）有機化合物の物理的な理解

　19世紀の終わりには、有機化合物の反応の機構を物理学を応用して理解しようという試みが始まった。イギリスのラップワースは、ケトンからシアノヒドリンの生成反応では、シアノ基が分極したケトンのカルボニル基へ付加し、それに続いて酸のプロトンの引き抜きが起こると説明した。

　このように、有機化学反応がなぜ、どのように起こるのかを考察することは、その後の有機化学の研究の方向性を大きく変えた。ルイスによって提唱された共有電子対の概念は、有機化合物の反応を議論するのに直ちに取り入れられ、有機電子論が広がっていった。ルイスの理論では、$H_3C:CH_3$ のような結合では結合に関する電子は2つの炭素電子の間に等しく共有されるが、$H_3C:NH_2, H_3C:OH, H_3C:Cl$ のような異なった原子間の結合では2つの原子

---

* **官能基**　CH_3, C_2H_5, C=O, OH, NO_2 などのように、分子の一部分で、グループとなって作用するものを官能基とよんでいる。

いす型構造　　　　　　ボート型構造

5-10　シクロヘキサンの2つの立体配座

に等しく共有されず、電子密度に差ができて分極を生じる。この分極に注目して有機化学反応を体系化して理解しようとするのが有機電子論であり、ロビンソンやインゴルドらによって主にイギリスで発展して、化学反応の実験結果を理論的に説明できるようになった。

　ベンゼンが示す特別な性質や安定性は早くから注目されていたが、1931年にヒュッケルは、分子軌道法による計算によってこれを見事に説明した。ベンゼン分子では、環をなす6個の炭素のp軌道からいくつかのπ電子軌道を考えることができ、その安定なエネルギー準位に6個の電子が入って安定化が起こることを示した。彼はこの取り扱いを一般化し、「閉じた環内のπ電子の数が$4n+2$で表されるときに安定化が起こり、芳香族性が得られる」ことを示した。これは'ヒュッケル則'とよばれ、今でも芳香族分子の安定性を予測する一般的な指標となっている。

　20世紀中頃になると、X線回折や核磁気共鳴（NMR）などの分析手法が開発されて、有機分子の立体構造の詳細が明らかになった。分子の立体構造に関する重要な概念の一つに'立体配座'がある。立体配座という語は分子中の原子の空間的な配置を表すものとして導入されたが、今では少し拡張されて、分子中のある結合を軸として原子団を回転させると結合の両側の原子の相対位置が変って分子全体の形に違いが生じる場合にも使われている。エタンの重なり構造とねじれ構造は、その典型的な例である。環状の炭化水素分子であるシクロヘキサン（C_6H_{12}）の場合には、図5-10に示すような「いす型」と「ボート型」の2つの構造があるが、多くの研究によって「いす型」

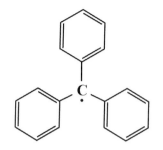

5-11　トリフェニルメチルラジカル

　の方が安定であることが明らかになった。このような環状化合物の立体配座
は、糖やコレステロールのような生体内に存在する多くの有機化合物でも見
出され、その後天然物有機化学や生化学の研究で極めて重要な概念になった。
　物理学的な手法を化学に応用することによって開発された新しい分子とし
て、フリーラジカルがある。通常の有機化合物では炭素原子は 4 価の原子価
をもち、そのうちの 1 つが結合を作らずに不対電子をもつ分子（フリーラジ
カルあるいは遊離基とよぶ）は安定には存在しないと考えられていたが、
1900 年にゴンバーグはトリフェニルメチルラジカル（$(C_6H_5)_3C\cdot$：図 5-11）
を安定に取り出すことに成功した。その後 1930 年代には多くの安定な遊離
基が合成され、不対電子による特殊な磁気的性質を示す物質が次々に開発さ
れた。このように、合成された有機物質を物理化学的な測定手段で分析し、
考察を加えながらさらなる開発を目指していく物理有機化学は、現代の化学
とその発展においても重要な役割を果たしている。

d) 高分子の開発

　20 世紀の初めには、ゴム、セルロース、樹脂、たんぱく質といった物質
が大きな分子量をもつことは知られていたが、フィッシャーやヴィーラント
のような当時の指導的な有機化学者は、単一の有機化合物の分子量が 5000
を超えることはないと主張していて、これらの物質は大きな単分子ではなく、
小さな分子が凝集したコロイドであると考えられていた。この常識を打ち破っ

5-12　ヘルマン・シュタウディンガー

て高分子化学を確立したのがヘルマン・シュタウディンガーであった。

　彼はゴムの分子量を測定し、「このような分子量の大きな分子は共有結合で繋がった長い鎖状の分子である」という考えを 1917 年に初めて発表した。しかし、この考えは高分子化合物がコロイドであるという当時の通説とは異なっていたので激しい反対に会った。そこで、彼はホルムアルデヒドの重合体であるポリオキシメチレンなどで重合度の異なるポリマー（多くの分子が重合してできる多量体）をたくさん作って研究を進め、これらがすべて長鎖の巨大分子であることを証明した。さらにポリスチレンの研究を重ねて、そのポリマーを異なった分子量のそれぞれの成分に分別することに成功した。このような成果によって、1930 年代の初め頃にはシュタウディンガーの巨大分子説は一般に受け入れられ、ちょうどその時に始まった X 線構造解析からの支持もあって完全に認められるようになった。それから高分子化学は一気に開花し、現在の大規模な化学産業の基盤となっている。

　実際には、高分子物質の応用研究は基礎研究よりも早くから進められていた。動物の角は櫛や装身具を作るのに古くから使われており、マレー半島産のゴム様の樹脂は電気の絶縁体に使われた。これらを人工的に合成しようとする努力からプラスチックが生まれ、人造の繊維を創り出す研究も 19 世紀

から盛んに行われた。20世紀の前半には、基礎研究と応用研究が一体となっ
て大きく発展し、人間の生活を大きく変える高分子産業を生んだ。また、タ
ンパク質や核酸など生命現象を司る物質の多くも高分子であるので、生化学、
生物物理学の分野でも高分子の理解は無くてはならないものであった。

e) 生命現象を化学で解き明かす

　生命現象は常に化学者の興味の対象であった。19世紀の後半には、ベル
セリウスやリービッヒが発酵や腐敗の原因について研究を始めていた。しか
し、当時はまだ'生化学（Biochemistry）'という分野はなく、生命現象に関
わる化学の研究は、生理学者、生物学者などによって進められていた。やが
て、天然物有機化学の研究から生体に関連する分子の構造がしだいに明らか
にされるようになると、その流れと生理化学の研究の流れが合体し、20世
紀になってから生化学が独立した分野として確立した。生体内の反応を詳し
く理解するにはタンパク質や核酸などの生体高分子の構造を理解することが
必要である。しかし、糖や脂質と違ってタンパク質や核酸の構造は極めて複
雑で、その構造の解明は従来の方法では困難であった。20世紀の前半には、
X線構造解析などの物理的な観測手法が化学の分野に導入されたが、第2次
世界大戦後のエレクトロニクスやコンピュータ技術の発展に支えられて、20
世紀の後半には生体高分子の構造が明らかにされるようになった。

　糖、たんぱく質、テルペン、プリン類は、実用的な観点から、また生命現
象に関連している点からも特に興味を持たれて盛んに研究されたが、これら
の天然物有機化学の研究を先導したのはドイツの有機化学者、エミル・フィッ
シャーであった。1870年までには、$C_6H_{12}O_6$の経験式を持つグルコース（ブ
ドウ糖）、フルクトース（果糖）などの単糖が知られていたが、その構造は
全くわかっていなかった。グルコースは4つの不斉炭素原子を持ち、理論的
には$2^4 = 16$の立体異性体が存在する。フィッシャーは、それぞれの異性体
の違いを明らかにし、まだ見つかっていなかった異性体の合成にも成功して、
糖類の化学を確立した。フィッシャーは、図5-13(a)に示したようなグルコー
ス分子を構成する基の配置がわかるような構造式を提案したが、実際のグル
コース分子は六角形の環をなしており、その立体配置をより明確にしたハー

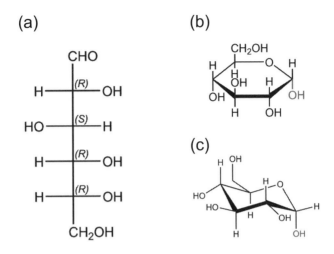

5-13　グルコースの構造式
(a) フィッシャーの構造式　(b) ハースの構造式　(c) 立体配座を考慮した構造式

スの構造式 (b) が広く用いられた。最近では 3D 描画が容易になり、リアル
な分子構造を反映した構造式 (c) が主流となっている。

　フィッシャーは、さらに糖の分解酵素の研究も進めて、「酵素は基質に適
合する特別な構造をとるときにのみ活性を示す」と推論した。この仮説を説
明するのに'鍵と鍵穴の関係'を提唱したが、この考え方は 20 世紀後半の構
造生物学の進歩で実証された。また、尿酸、キサンチン、カフェインなど生
体中に存在する一連のプリン系の化合物を研究して相互の関連を明らかにし
た。たんぱく質の構造は非常に複雑で、それを明らかにするのは容易ではな
かったが、19 世紀の後半にはタンパク質を構成するアミノ酸についての知
識が蓄積され、機運は高まっていた。フィッシャーは、アミノ酸をアミド結
合でつないでペプチドを作ればたんぱく質に似た物質を作れると考え、18
個のアミノ酸からなる基本的なペプチドの合成に成功した。このように、精
力的に生体分子の解明に取り組んでいたフィッシャーの研究室には、ヨーロッ
パの各国、アメリカ、日本など世界中から研究者や学生が集まり、世界の有
機化学研究の中心となって数多くの優れた研究成果を生み出した。

5-14 クロロフィル (I) とヘミン (II) の構造

　植物の葉や花、血液の色素は19世紀から化学者の興味の対象であった。20世紀の前半にヴィルシュテッターはクロロフィル*（図5-14(I)）の構造研究を進め、同時にハンス・フィッシャーは血色素から得られるヘミン**（図5-14(II)）の研究を進めた。ドイツの化学者ヴィーラントとヴィンダウスは、ホルモンとして動植物中に広く存在するステロイドとその関連物質の構造を明らかにした。それとともにビタミン、ホルモン、アルカロイドなども20世紀の前半に盛んに研究されたが、有機化学的な手法だけでは複雑な有機化合物の構造決定が難しいことも認識されるようになった。たとえば、コレステロールの正しい構造決定（図5-15）には、X線構造解析からの知見が必要不可欠であった。天然物有機化学は20世紀前半ではとても人気のある化

---

* **クロロフィル**　光合成の反応で、光エネルギーを吸収する役割を担っている化学物質で、葉緑素ともいう。
** **ヘミン**　血液中の赤血球の中で酸素の輸送を担っているのがポルフィリンであるが、鉄を含むポルフィリンをヘミンとよんでいる。

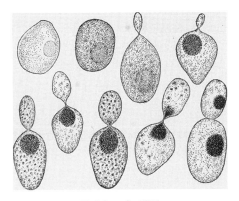

5-15　コレステロールの構造

5-16　パン酵母

学の分野であり、植物色素でビタミンAと関係のあるカロテノイドの研究や、ステロイドの一種である性ホルモンの研究などで多くのノーベル化学賞受賞者を輩出した。

　生化学の誕生に大きな役割を演じたのは発酵についての化学である。ビールやワインの製造工程や生地からパンを作る過程で起こる発酵は最も身近な生化学現象のひとつであり、化学者にとってもとても興味深い研究対象であった。19世紀になると、発酵が起こる過程について化学者の間で大きな論争が起こった。リービッヒは、糖が酵母と接触すると酵母粒子の振動によって分子を結びつけていた力が弱まり、それによって起こる分解反応が発酵であると考えた。これに対して、ベルセリウスは発酵は何らかの形の触媒作用で起こると主張した。その後、顕微鏡が進歩して微生物の観測ができるように

なると、酵母が球状の微生物であることが明らかとなったが（図 5-16 は、顕微鏡で見えた酵母をスケッチしたものである）、それでもまだ有力な化学者たちは、「発酵の微生物説」を認めようとはしなかった。

　18 世紀の後半には、澱粉を糖に変えるジアスターゼや、食物の消化を助けるペプシンのような水溶性の物質の存在が知られるようになり、発酵も酵母自体ではなく酵母の中にある何か（酵素）によって起こっていると考える学者が現れた。酵素を見出そうと試みもなされたがなかなか成功できず、発酵が無細胞の酵素で起きるかどうかの論争は、19 世紀の終わり頃までずっと続いていた。この論争に決着をつけたのは、ブフナーであった。ブフナーとその共同研究者のハーンは、酵母を砂と珪藻土と一緒に乳鉢ですり潰してペースト状にし、圧搾して無細胞の搾汁を得た。この搾汁に糖を加えて放置すると発酵が起こることを発見し、アルコール発酵が生細胞なしでも起こることを実証した。しかし、アルコール発酵の過程は実際は極めて複雑であり、その全容の解明にはさらに半世紀にわたる多くの研究者の努力が必要であった。

　20 世紀前半の生化学研究の中心となったのは酵素の研究であったが、酵素がタンパク質であるということが確定するまでには時間がかかった。1920 年代に有機化学者のヴィルシュテッターは、コロイド状のたんぱく質に未知の小分子である酵素が吸着していると主張し、彼の考えに多くの化学者が同調して、酵素がタンパク質であることを疑う学者が多くなった。これに対して、1926 年にアメリカのジェイムズ・サムナーは、尿素を CO_2 とアンモニアに分解する酵素ウレアーゼを豆粉から抽出して結晶として取り出し、それがタンパク質であると主張してヴィルシュテッター一派と論争になった。その後多くの化学者が酵素の結晶化に取り組み、ペプシン、トリプシン、キモトリプシン、リボヌクレアーゼなどを次々と結晶化して分析した。図 5-17 は、このようにして明らかとなったリボヌクレオチド還元酵素の構造を示したものである。その結果、これらの酵素はすべて純粋なタンパク質であることが証明されたのである。

　20 世紀の初めの物理化学的な反応論の進歩に伴って、酵素反応の速度を理解しようとする試みも始まった。1913 年、ミカエリスとメンテンは酵素（E）と基質（S）の反応

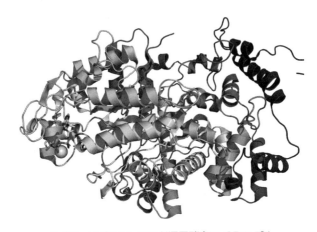

5-17　リボヌクレオチド還元酵素の -3D モデル

$$E + S \;\rightarrow\; ES \;\rightarrow\; E + P\,（生成物）$$

について考察し、複合体 ES を経由して反応が進む場合の反応の初期速度を
与える式を示した。さらに、この頃にはさまざまな分析機器も進歩して、酵
素の反応過程に関する実験的な研究が盛んに行われた。放射性の同位体が発
見されると、早くも 1923 年にはヘヴェシーらが ^{210}P と ^{203}P を生化学研究に
トレーサーとして用いた。第 2 次世界大戦後には放射性核種 ^{14}C, ^{15}N, ^{32}P の
利用が可能となり、生化学の研究で放射性同位体がますます威力を発揮する
ようになった。さらに、X 線回折による構造解析の手法が格段に進歩して酵
素タンパク質の 3 次元構造が明確にされ、酵素反応が分子レベルで解明され
るようになった。

　呼吸と代謝についても、古くから化学的な研究が行われていた。ラヴォア
ジェは、晩年に動物の呼吸と燃焼の間の関連に興味を抱き、熱量計を開発し
て炭の燃焼と動物の呼吸で同じ量の二酸化炭素を生じるときの熱量の比較を
行い、「呼吸は炭素と水素のゆっくりした燃焼に他ならない」と主張した。
これが 19 世紀の生理学の出発点であったが、問題はどの器官で酸素が二酸
化炭素に変わり、どのような形で炭素と水素が存在するかということであっ

COLUMN 7　ライナス・ポーリングとタンパク質および DNA の構造

　ライナス・ポーリングは、構造化学を基礎に化学、物理、生物、医学にわたる驚く程広い分野で活躍した、20 世紀最大の科学者の一人である。1954 年に「化学結合の本性および複雑な分子の構造解明」でノーベル化学賞を受賞した。また、原水爆実験に反対した活動で 1962 年にノーベル平和賞も受賞している。

　ポーリングは 1901 年にアメリカ、オレゴン州のポートランドで薬剤師の子として生まれ、8 歳の時に父を亡くし、母親は病気がちで貧窮の中で少年時代を過ごした。オレゴン農科大学の化学技術課程に進学し、下級生に定性分析を教えて生活費を稼いだ。成績抜群の彼はカリフォルニア工科大学（カルテック）の大学院に進学し、すでに化学の知識は十分持っていたので、物理と数学を主に勉強した。彼は X 線結晶構造解析で学位を取得し、グッゲンハイム財団のフェローシップを得て、1926 年から 1 年半ヨーロッパに留学し、ゾンマーフェルトの研究室で量子力学を学んだ。1927 年にカルテックに戻って助教授になり、X 線結晶構造解析の研究を進めると同時に、化学結合と分子構造の問題への量子力学の応用に努めた。電気陰性度や混成軌道の概念の提出、異なった構造間の「共鳴」の概念に基づく「原子価結合法」の提唱などで、1930 年代の初めには量子化学・構造化学の世界的な権威となった。

　1930 年代の初めに生体関連分子の構造に興味を持ったポーリングは、30 年代の終わりにタンパク質の構造解明に挑んだ。当時タンパク質は生命現象の鍵を握る最も重要な分子と考えられていたが、構造があまりにも複雑なので、まずはタンパク質の構成成分であるアミノ酸のペプチド結合の構造を正確に知り、その知識に基づいてタンパク質の構造を推測する方針で研究を進めた。その後戦争が始まり、しばらくはタンパク質の構造研究から離れていたが、1948 年 2 月に彼はケンブリッジで名誉博士号を受け、王立研究所で講演するためイギリスに渡った際、イギリスでのタンパク質の構造研究の進歩を知った。彼は刺激を受け、すぐにケラチンの結晶のらせん構造を、ペプチド構造の結合距離や結合角と矛盾しないモデルから推測し、タンパク質の α – ヘリックスと β シートからなる構造を提案した。

　1950 年代に入って遺伝現象では DNA が重要であることが認識されるようになり、DNA の構造解明が喫緊の課題になった。ケンブリッジのワトソンとクリックはポーリングと同じようなモデル作りから DNA の 2 重ラセン構造を推測して大成功を収めた。ポーリング自身も 1952 年の 11 月にモデル作りから DNA の構造解明を試み、三重ラセンの構造を提案したが、これは誤りであった。当時の DNA のサンプルには水和した水が多く含まれ、実質的な DNA の重量は 2/3 しかなかったので、2 重ラセンを 3 重ラセンと思い込んだのが誤りの主な原因であった。DNA の構造解明には成功しなかったが、ポーリングはタンパク質と DNA という生命現象で最も重要な分子の構造解明

で先駆的な貢献をしたと言えよう。彼は他にも生化学や医学の問題への構造化学の応用に興味を持ち、抗体の生成と抗原・抗体反応、分子遺伝病についての先駆的な研究などを行った。晩年にはビタミンＣの大量摂取の風邪やガンに対する効用を主張して議論を呼んだ。彼は誤りを恐れずに常に新しい分野を開拓することに情熱を抱いた偉大な化学者であった。

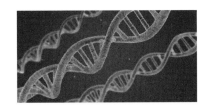

　た。1837 年にマグナスは、血液中に溶解した酸素、二酸化炭素、窒素の存在を確認し、酸素は肺で吸収され、血液によって体中に運ばれ、毛細血管中で酸化が行われて、二酸化炭素が生じると結論した。リービッヒは、赤血球が鉄化合物を含み、それが酸素で飽和して毛細血管中で酸素を失うと考えた。1860 年代には、ホッペ・ザイラーとストークスによる分光法を用いた研究で酸素と結合する鉄化合物（ヘモグロビン）の性質が明らかにされ、酸化反応が起こるのは動物の組織の細胞中であることが明らかになった。20 世紀の前半に細胞内酸化の研究に大きく貢献したのはオットー・ヴァールブルグで、彼は「分子状の酸素が 2 価の鉄と結合し、それにより高い酸化状態の鉄が有機物の基質と反応して 2 価の鉄が再生される」と結論し、鉄を含む酵素が鉄—ポルフィリン化合物（ヘム化合物）を含むことを示した。1920 年代には酸化・還元の電子論も進み、生体内酸化・還元反応を電子の流れで統一的に理解しようとする試みが始まった。1945 年までに、生体内酸化は、ヘム化合物、フラビンモノヌクレオチド（FMN）、ニコチンアミド・アデニン・ジヌクレオチド（NAD）を含む過程であることが認識されたが、詳細の解明は第 2 次世界大戦後の研究を待たねばならなかった。

　20 世紀の前半における生化学の研究での大きな成果は、糖、脂質、タン

5-18　アデノシン三リン酸（ATP）

パク質の代謝の機構の解明であった。糖がグルコース（ブドウ糖）に分解され、グルコースが分解して三つの炭素原子からなる分子が生成し、それが最終的に CO_2 とエタノールに変換される解糖の過程を解明する実験は、多くの中間体や酵素の単離・同定を要する大変な作業であった。まず、6 単糖のグルコースがリン酸とエステル結合してフルクトース-1,6-二リン酸になり、これが分解して 3 単糖のリン酸塩を生じ、中間体のピルビン酸を経て最終的にエタノールと CO_2 が生成されることがわかったが、その過程でのリン酸の役割は不明であった。1931 年にマイヤーホフとローマンは、解糖の過程でアデノシン三リン酸（ATP：図 5-18）が関与していることを明らかにした。その後の研究で、グルコースが ATP の作用で分解して三つの炭素の化合物のリン酸エステルとなり、それが順次ピルビン酸、アセトアルデヒド、エタノールに分解する過程の全容が明らかとなった。ATP のリン酸どうしの結合のエネルギーは約 30 KJ/mol であり、ATP がアデノシン二リン酸（ADP）に変化する際にはそのエネルギーが放出され、ADP が ATP に変化する際にはその分のエネルギーが蓄えられることが明らかになった。グルコースの分解のプロセスは、

グルコース + 2ADP + 2 リン酸　→　2 エタノール + 2CO_2 + 2ATP + H_2O

と表され、この過程で約 60 kJ/mol のエネルギーが蓄えられる。「ATP は生物

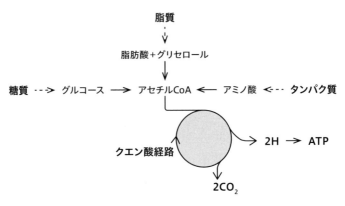

5-19　代謝過程の概要

にとって高エネルギーの通貨のようなものである」とリップマンはこれを表現した。それでは、解糖系と細胞呼吸や発酵との関係はどうなっているのであろうか。これは 1935 年から 1945 年頃にわたるアルバート・セントジェルジ、ハンス・クレブス、フリッツ・リップマンらの研究でしだいに明らかにされていった。酸素の存在下では、ピルビン酸が酸化された後、クエン酸回路（TCA）と呼ばれる 3 単糖サイクルに入り、CO_2 と水に分解される。その際電子伝達体が電子伝達鎖で酸化される。解糖系と呼吸細胞および発酵との関係は図 5-19 のようになっている。

　代謝過程での電子伝達で重要な役割を果たしている分子が NAD（ニコチンアミド・アデニン・ジヌクレオチド）で、酸化型の NAD^+ と還元型の NADH の 2 つが存在し、両者は生体内での酸化・還元反応に関与している。

$$NAD^+ + H \ \rightarrow \ NADH + H^+$$

の反応では、二つの水素原子（$2H + 2e^-$）が伝達されプロトン（H^+）が残る。NADH は、

$$NADH + H^+ + 1/2\ O_2 \ \rightarrow \ NAD + H_2O$$

の反応で約 50 kcal/mol のエネルギーを生じる。ATP と NDA は生体内の代謝過程において最も重要な役割を担っているものである。

f) 光合成

　日光のエネルギーを利用して二酸化炭素（CO_2）と水を糖質（$C_6H_{12}O_6$）と酸素に変換する過程が光合成である。**地球上の生命はそのエネルギーを光合成によって得ており、そのメカニズムを理解し、効率よく適切に利用することは、人類の将来にとって喫緊の課題である。**図 5-20 は、光合成全過程の概要を示したものである。光合成の化学反応式は

$$6CO_2 + 6H_2O \ \rightarrow \ C_6H_{12}O_6 + 6O_2$$

と表されることは 19 世紀には知られていた。1931 年にファン・ニールは、光合成は光エネルギーによって水が酸化される明反応と、生じた H で CO_2 が酸化される暗反応の 2 段階の反応で進むことを示唆した。第 2 次世界大戦後には放射性の炭素原子（^{14}C）をトレーサーとして用いる実験が始まり、カルビンのグループによる $^{14}CO_2$ を用いた実験から、植物が暗反応で CO_2 を糖に変換する機構が解明され、'カルヴィンサイクル' としてまとめられた。明反応は光化学反応過程であり、太陽光エネルギーが葉緑体にあるクロロフィル分子によって捉えられ、そのエネルギーが ATP と電子伝達体（NADPH＋H^+）の形で化学エネルギーに変換される。暗反応では、明反応で作られたその（NADPH＋H^+）を用いて、カルヴィンサイクルで CO_2 を固定する。このサイクルは、主として三つの過程から構成されている。第一の過程は CO_2 の固定の過程で、ここでは CO_2 は 5 炭素化合物である受容体（リブロース 1,5-ビスリン酸（RuBP））と結合して、3-ホスホグリセリン酸（3PG）ができる。第二の過程は、3PG の還元によるグリセルアルデヒド 3 リン酸（G3P）の生成の過程で、それにはリン酸化と還元反応が起こっている。第三の過程では、G3P の大部分がリブロース 1-リン酸（RuMP）になり、それが複雑な過程を経て RuBP が再生される。このサイクルの間に G3P の一部が有効に使われて、最終的にブドウ糖が合成される。それぞれの反応過程は複雑で、

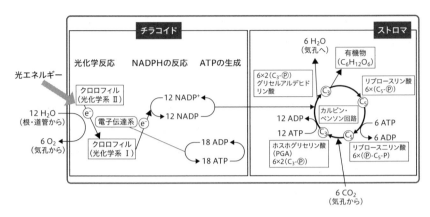

5-20 光合成の概観図

すべてを理解するのは容易ではないが、クロロフィルによって受容された太陽光エネルギーを有効に利用し、複合反応を巧みに制御して、栄養素を合成している。これを人工的に模倣するのはほとんど不可能であるが、他の手法を使って人工光合成を実現する研究は今も続けられていて、植物に学ぶことは非常に多い。

6 熱の化学から、化学統計学へ

　物質の状態や化学反応の速度は温度によって変化するし、多くの場合その
ときに熱の出入りを伴なう。熱はエネルギーのひとつの形であり、絶対温
度*はそれに比例する。物質を解き明かすための基本は、熱と温度を正確に
測り、これを理論的に考察することである。その定量的な研究は 19 世紀に
大きく発展したが、統計論を用いて理論的な取り扱いを完成させたのはルド
ウィッヒ・ボルツマンであった。当時報告されていた実験結果を理解しよう
とすると、物質が粒子であること（分子モデル）、そしてエネルギーの値が
特定のものだけに限られるとびとびのエネルギー準位が存在することを仮定
しなければならない。ここから原子・分子の性質を考え、量子論を生み出し
たのがマックス・プランクである。1927 年、アーヴィン・シュレーディンガー
は、波動方程式を拡張して、原子・分子のエネルギー準位を求める基本方程
式を提唱し、観測されるスペクトルを見事に説明した。これらの研究は、物
理学的な手法で原子や分子の本質を探るものであり、広く‘物理化学’とよ
ばれて、その後の化学の研究を飛躍的に発展させることになった。

a) 熱と仕事とエントロピー

　熱の本質については、17 世紀以来、‘運動説’と‘物質説’の二つの対立す
る考えがあった。運動説では物質を構成する原子または粒子の運動が熱であ
り、ニュートンの粒子論哲学が背景にあった。物質説では、熱素という重さ
のない物質を仮定し、その出入りを考えることによって熱に関する現象を説
明しようとした。18 世紀の中頃からはこの熱素説が有力になり、ラヴォアジェ
など多くの化学者は、熱素を元素のひとつと考えていた。一方、運動説も絶
えてしまうことはなく、ランフォードは大砲の砲身をくりぬく中ぐり作業で

---

* **絶対温度**　温度は物質の持つエネルギーの尺度であり、エネルギーの大きさに比例する
ように定められたのが絶対温度である。単位はケルビン［K］で、−273℃ が 0 K でエネル
ギーがゼロの状態（絶対零度）、1 度の大きさは摂氏温度と同じで、0℃ は 273 K である。

大量の熱が発生するのを知り、力学的な仕事と熱の間に密接な関係があると考えるに至った。そして18世紀になって産業革命が起こると、その原動力となった蒸気機関を改良することが重要な課題となり、熱は科学者にとって興味深い研究対象となって'熱力学'が生まれた。

　19世紀の中頃からは、物理学者によっても熱やエネルギーの研究がなされるようになった。1824年、フランスの物理学者・工学者であったカルノーは、熱が高温から低温に流れる際に仕事がなされることを明らかにし、熱機関の効率について考察した。ドイツの医師マイヤーは、熱の生成となされる仕事の間の関係について考察し、熱と仕事は相互に変換できると提唱した。1843年にジュールは、水を入れた容器の中で羽車を機械的な仕事によって回転させ、生じた熱を測定して熱の仕事当量[*]を4.169 J/calorieと定めた。こうして熱は運動によるものであることが認められるようになり、「ある系の全エネルギーの変化は、系になされた仕事とそれに供給された熱量の和に等しい」という'熱力学の第一法則'が導かれた。これは、熱も仕事もエネルギーのひとつの形であり、系の変化においては全エネルギーが保存されることを法則として示したものである。

　仕事は熱に容易に変換されるが、熱の仕事への変換には制限がある。ある熱機関が作動するときに、吸収された熱のすべてが仕事に変換されることはなく、熱の一部は高温の物体から低温の物体に移動して、系のエネルギーの一部が散逸してしまう。1845年、イギリスのケルヴィン卿はこの問題を深く考察し、「熱は高温の物体から低温の物体に不可逆的に流れる」という'熱力学の第二法則'を提唱した。さらにドイツの物理学者のクラウジウスは、熱機関が温度Tで熱源から吸収、あるいは放出する熱量Qについて、Q/Tで表される量の値を表すのに'エントロピー（S）'の概念を導入した。このエントロピーとは'乱雑さ'を表すものであり、自然に起こる過程（自発過程）ではエントロピーは必ず増大する。つまり、系をそのまま放置しておくと、

---

[*] **熱の仕事当量**　熱量の単位として、一般的に用いられるのがカロリー（calorie）であり、1 mL（1 cc）の水の温度を1℃上げる熱量が1 calorieである。仕事の単位にはジュール（Joule）を用いるが、1 kgの力で物体を1 m動かす仕事量が1 Jouleである。熱も仕事もエネルギーの形であり、1 Jouleは4.169 calorieに対応する。これを熱の仕事当量という。

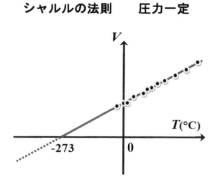

6-1 圧力一定での気体の体積の温度変化

自然に乱雑な状態へと移っていくことになる。

　エントロピーは、自然科学全体にも大きな影響を与えた重要な概念であるが、これを理解するのは少し難しい。そこで、ここではまず気体の状態変化を例にとり、粒子論を用いてわかりやすく説明しよう。1662 年、ボイルは温度（T）が一定の条件では、圧力（P）と体積（V）の積が一定に保たれることを示した。1801 年、ゲイ・リュサックは圧力が一定であれば、体積は温度の低下に比例して減少し、−273℃では体積が 0 になることを示した（図6-1）。これらをまとめると次の式が成り立つ。

$$PV = nRT$$

　これは、ボイル−ゲイ・リュサックの法則とよばれ（ボイル−シャルルの法則ともよばれる）、気体の種類によらずすべての気体で近似的に成り立つ。n は気体の物質量*、R は気体定数とよばれる比例係数である。この式の意味するところを、我々は経験的に知っている。温度が一定の空気中で風船を押

---

* **物質量**　6×10^{23} 個（アヴォガドロ定数）の原子や分子の集団を 1 モル（1 mol）といい、モル単位で表した物質の総量を物質量という。

ボイルの法則　温度一定

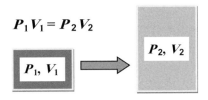

$$P_1 V_1 = P_2 V_2$$

ゲイ・リュサックの法則　圧力一定

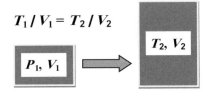

$$T_1 / V_1 = T_2 / V_2$$

6-2　ボイル－ゲイ・リュサックの法則

し縮めると、その度合いに応じて圧力は高くなり、手に反発力を感じる。空気の温度が低くなると、風船は押し縮めなくてもしぼんで小さくなる。このとき、P, V, T の変数の変化には、比例あるいは逆比例の関係があり、その比例係数が気体定数になっている（図6-2）。ボイル－ゲイ・リュサックの式をよく見ると、右辺に含まれる変数は温度 T だけになっており、これは気体のエネルギーを表している。ゲイ・リュサックが示したのは、圧力一定の条件で温度を下げていくと、その変化に比例して体積が減少し、グラフに現れる直線が －273℃ で圧力が 0 の直線と交わることであった。この温度を‘絶対零度’というが、体積が負ということはないので、これより低い温度は存在しない。また、絶対零度を基準に温度の尺度を定めれば、それは物質のもつエネルギーに比例することになり、式の表現がとても簡単になる。これがケルビンによって提案された‘絶対温度’で、式に表れる T はこれである。そうすると、式の右辺は絶対温度に比例してエネルギーを表すので、左辺の圧力 P と体積 V の積もエネルギーを表し、これは気体物質自体が持つエネ

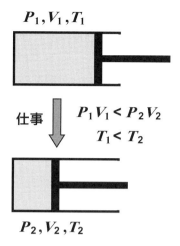

P_1, V_1, T_1

仕事　$P_1 V_1 < P_2 V_2$
$T_1 < T_2$

P_2, V_2, T_2

6-3　仕事による体積と圧力の変化

ルギーと考えることができる。

　さて、気体の圧力を変化させるためには、外界から何らかの形でエネルギーを与えなければならない。たとえば、ピストンを押してシリンダーの体積を半分にすると圧力は倍になる（図6-3）。ところが、実際には気体の温度が上昇してさらに圧力は高くなる。自転車のタイヤに空気を入れるとき、ポンプが熱くなるのを経験した人は多いだろう。ピストンを押して体積を減少させるのを仕事とよび、それはやがて自発的に熱に変わる。仕事も熱もエネルギーのひとつの形であり、外部とのエネルギーのやりとりを調べれば、圧力Pや温度Tの変化を求めることができる。これを定量的に取り扱うのが熱力学であり、18世紀から19世紀にかけて、熱の出入りと温度、圧力、体積の関係についての実験的な研究が盛んに行われた。

　ここまでの議論は、熱力学の第一法則の範囲ですべて理解できる。しかし、研究者を悩ませたのは、熱の移動や状態変化における方向性、すなわち熱力学の第二法則に関わる問題であった。熱は高温部から低温部へ自発的に流れるが、逆方向の移動は起こらない。最終的には全体が均一で同じ温度になって系は落ち着く。同じことは二種類の気体の混合でも起こり、1つの容器内

に二種類の気体を別々に入れると自発的に混合し、最終的には容器内全体で均一になり、そこから元に戻って二種類の気体に分かれることはない。結果的には「乱雑さが増す」ともみなすことができ、その度合いを表す量はエントロピーとよばれ、「自発的な状態変化は、乱雑さが増す方向へ進む」という'エントロピー増大の法則'が導かれた。これは最初、熱量やエネルギーを用いてマクロな状態量で議論されたが、ここでは粒子論を使ってミクロな視点から説明する。

b) 粒子モデルと統計論

　気体の性質を分子論から理解しようという試みが気体分子運動論であるが、19 世紀の中頃になってようやく注目されるようになり、ここで偉大な仕事をしたのがマックスウェルである。彼は統計的手法を導入して気体分子の速度分布を表す式を導き出し、1860 年に発表した。それをオーストリアの物理学者ルドウィッヒ・ボルツマンが分子のエネルギー分布を表す式に発展させ、統計力学を創始し、熱力学と分子運動論を結びつけてエントロピーを表す式を導出した。

　これも少し難しいが、物体の運動を取り扱う力学は時間反転に対して対称であり、不可逆過程*には適応できない。したがって、エントロピー増大の法則をはじめとする自発過程の方向性は力学では説明できない。これを分子論はどのように解決したのだろうか。1808 年、ダルトンは気体の化学反応の実験結果を考察し、気体は原子あるいは分子からなることを提唱した。原子・分子が実在するかどうかに関して、19 世紀の終わりから 20 世紀の初めにかけて一部の物理学者の間に激しい論戦があったが、多くの物理学者、化学者は、原子・分子の存在を暗黙のうちに認めて理論を展開していた。たとえば、ボイル–ゲイ・リュサックの法則は、気体分子運動論からはどのように導かれるのだろうか。まずは、気体分子は剛体球であると仮定してその運動を力学的に解きたいのだが、1 個 1 個の分子はランダムな衝突を繰り返し

---

* **不可逆過程**　物質は、圧力や温度などの条件を変えると、その状態が変化するが、条件の変化を逆にしても元の状態に戻らない場合がある、これを不可逆過程という。化学反応は、条件を戻しても元に戻ることは少なく、ほとんどが不可逆過程である。

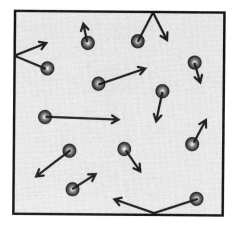

6-4　気体分子の容器の壁への衝突

ているので、各々の位置や速度を定めることができない。そこで、その位置
や速度の平均値と、圧力、体積、温度との関係を考察してみる。

　最も簡単な系は He などの単原子気体* であり、原子のもつエネルギーは運
動エネルギー

$$E = \frac{1}{2}mv^2$$

だけである。1 個 1 個の粒子のエネルギーは衝突の度に変化するが、温度が
一定であれば平均のエネルギー（$\overline{E}$）は一定になるので、これを

$$\overline{E} = \frac{1}{2}m\overline{v}^2$$

と表すと、この $\overline{E}$ が絶対温度 T に比例する。体積一定の容器の 1 つの壁面
が感じる圧力は、1 秒間にこの壁に衝突する粒子が及ぼす力の総和で与えら

---

* **単原子気体**　安定な希ガス原子は化学結合を作らず、原子のまま気体として存在する。
これを単原子気体という。

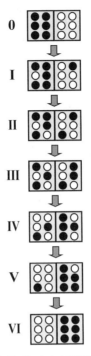

6-5 インクと水の混合

れる。1個の粒子が壁に及ぼす平均の力は、平均の速度 $\bar{v}$ に比例する（図6-4）。圧力はさらに粒子が1秒間に壁にぶつかる回数にも比例するので、結局 $\bar{v}^2$ すなわち $\bar{E}$ に比例する。絶対温度 T は $\bar{E}$ に比例するので、体積 V が一定のまま温度が高くなると圧力も高くなる。体積が倍になると壁にぶつかる回数が半分になるので P は半分になり、P と V の積は一定になる。こうして、ボイル–ゲイ・リュサックの法則は粒子の運動モデルでうまく説明されることがわかる。

　それでは、エントロピー増大の法則は粒子モデルでどのように理解できるのだろうか。例として、インクが水と混じる過程を図6-5のようなモデルで考えよう。いま、容器を壁で隔てて2つに分け、左側にインク、右側に水を入れた場合（0）を考える。それぞれの空間に6つの場所があって、これら

をインクと水の分子が占めている。ある瞬間に壁を取り除いたらどうなるだろうか。可能性として、左側のインク分子の1個が右側の水分子の1個と入れ替わることが考えられる。そのとき、まず左側の6個のインク分子からどれを選ぶかに6通り、さらに右側のどの水分子と交換するかで6通り、結局36通りの場合が考えられる。これを'場合の数'、あるいは'状態の数'といい、Wで表す。0の状態の数は$W = 1$で、Ⅰの状態の数は$W = 36$であるが、ここでそれぞれの状態をとる確率はすべて等しいという仮定をすると、Ⅰの状態をとる確率は0の状態をとる確率の36倍大きいということになる。つまり、インクと水の分子が分かれたままいるよりは、1個ずつ移ったほうが確率が大きいので、インクは自然に水と混じっていくと考えられるのである。さらにもう1個インク分子を右側に移す場合を考えると、今度は左側に残った5つのインク分子から1つを選び、さらに右側の5つの水分子からどれを選ぶかを加えて、$6 \times 6 \times 5 \times 5 = 900$通りになる。しかし、選んだ2個の分子と交換した2個の分子のどちらかについては区別がつかないのでこれを2×2で割って、結局状態の数は$W = 225$になる。そうすると、Ⅰの状態からⅡの状態へ移る確率は、0の状態へ戻るより225倍と圧倒的に確率が高くなる。したがって、時間とともにインクは水と混じり、元の完全なインクと水に戻ることはないと近似的に考えることができる。さらに、Ⅲの状態の数は$W = (6 \times 5 \times 4)^2 / (6 \times 5 \times 4)^2 = 400$になり、確率は最も高い。逆に、Ⅳの状態では$W = 225$になりⅢの状態からⅣの状態へ移る確率は減少してしまうので、結局水とインクは最終的に完全に混じり合って、均一になることが確率を考えることで理解できる。実際には、たとえばコップ1杯の水には6×10^{24}個（10モル）の分子があるので状態の数は極めて大きく、確率の比ももっと圧倒的なものとなり、均一に混じり合ったインクの水溶液が元のインクと水に分かれることはないと断言できる。

　ここで計算した状態の数Wは、系の「乱雑さ」を表すとも考えられる。ボルツマンは、その乱雑さの尺度として次の式で表されるエントロピーを定義した。

$$S = k \log W$$

　ここで、log は 10 を底にした常用対数、k はボルツマン定数とよばれる比例定数である。状態の数が増えるほど乱雑さも大きくなり、ほとんどの場合完全に均一になったところで最大になる。したがって、**物質の自発的な変化は乱雑さが大きくなる方向へ進む。これが‘エントロピー増大の法則’の粒子モデルでの説明である。**こうして、マクロな概念の状態量であるエントロピーを、原子・分子モデルで理解することができた。次の問題は、気体分子のエネルギーの分布である。

　ある一定温度で平衡状態にある気体分子の速度がどのように分布しているかは、最初 1860 年にマクスウェルによって考察された。速度と運動エネルギーは $E = \dfrac{1}{2}mv^2$ の関係にあるので、速度分布の式から、直ちにエネルギー分布則が得られる。その後この問題はボルツマンによって深く考察され、熱平衡下にある系のエネルギー分布（ボルツマン分布）を表す一般的な式として知られるようになった。ボルツマンは古典力学と確率論から分布則を導いたが、原子や分子の世界を記述する力学は量子力学で、そこではエネルギーは離散的な値をとることができる。ここでは、離散的な値のエネルギーをもつ粒子モデルを使って、ボルツマン分布を説明しよう。

c）ボルツマン分布

　いま、ある気体分子のエネルギーの値が決まっていて

$$E_n = n\varepsilon \qquad n = 0,1,2,3,\cdots$$

で表されると仮定する。つまり、この分子のもつエネルギーは ε の整数倍に限られる。図 6-6 では、その許されるエネルギーの値をもつ状態を横棒で示してあり、これを‘エネルギー準位’という。いま分子 6 個の気体を考え、全体のエネルギーが 6ε である（温度一定）とする。まずは、6 個すべての分子が $E_1 = \varepsilon$ のエネルギー準位をとる場合が考えられ、このときの状態の数は $W = 1$ である。次に、5 個が $E_0 = 0$ のエネルギー準位で 1 個が $E_6 = 6\varepsilon$ のエネルギー準位をとる状態の数は $W = 6$、4 個が $E_0 = 0$ のエネルギー準位で 2

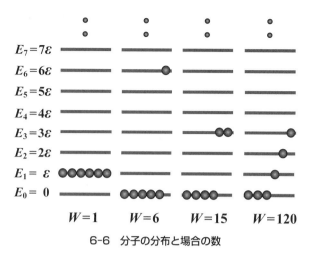

6-6　分子の分布と場合の数

個が $E_3 = 3\varepsilon$ のエネルギー準位をとる状態の数は $W = 15$、3 個が $E_0 = 0$ のエ
ネルギー準位で E_1, E_2, E_3 に 1 個ずつでは状態の数は $W = 120$ と、分子のも
つエネルギーがばらばらになるほど状態の数が大きくなる。温度が一定であ
れば（全体のエネルギーが一定の条件では）、分子の分布は W が増大する方
向へ移っていき、エントロピーが最大の分布に到達して定常的になる。それ
は、できるだけ違うエネルギー準位に分子がばらばらに分布している状態と
いうことになる。

　ボルツマンは深い考察と高度な計算を積み重ね、その最終的な分布が次の
式で表されることを示した。

$$N(E) = N(0)e^{-\frac{E}{kT}}$$

これを‘ボルツマン分布’といい、気体中の分子のエネルギー分布はこの式
に従っている。ここで、E は分子のもつエネルギー、T は絶対温度である。
最も分子数が多いのは $E_0 = 0$ の準位であり、エネルギーが増加するにつれて
分子の数は一定の割合で減少していく。図 6-7 に等間隔のエネルギー準位の
場合の一例を示してあるが、ここでは準位がひとつ上がるごとに分子数が

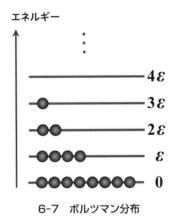

6-7　ボルツマン分布

1/2, 1/4, 1/8,…と半分になっている。ボルツマン分布は、気体分子に限らず、熱平衡にあるすべての物質について成り立つと考えられている。実際に、物質を構成する粒子は頻繁に衝突してエネルギーのやり取りをしていて、一個一個の粒子のエネルギーは常に変化しているが、全体的に見れば特定のエネルギーを持つ粒子の総数は一定に保たれていることになる。エネルギーが大きくなるとともに分子の数は小さくなるが、その減少の割合は温度で決まっていて、高温であればエネルギーが増加したときの分子数の減少は小さいが、低温になるとエネルギーがわずかに高くなっただけで分子の数が著しく減少し、ほとんどの分子がエネルギーの小さい準位にいることになる。

　このように、熱力学が発展して物質の状態変化が温度や圧力などのマクロな状態量で正確に予測できるようになり、気体ばかりでなく液体や固体の性質も定量的に理解できるようになった。これがやがて化学反応の研究にも活かされ、さらに平衡を取り扱う分析化学へとつながっていった。状態変化の方向性を考えると、物質を構成している原子・分子の離散的なエネルギー準位や遷移といったミクロな概念を導入することによってさらに理解が深まっていく。しかしながら、原子・分子のミクロの世界を理解する基礎ができたのは、ボルツマンがこの世を去った後、20世紀になって量子論が出現してからであった。

ボルツマンと原子・分子の実在性

　原子論者のルドウィッヒ・ボルツマンは 19 世紀の終わりから 20 世紀の初めにか
けて、反原子論者と激しく論戦していた。19 世紀の化学者はドルトンの原子説を受
け入れ、化学は順調に進歩してきたが、誰も原子を見たわけでなくその実在性は確か
ではなかった。物理学者で実証主義哲学者のエルンスト・マッハは科学に実在するか
どうかが不確かなものを導入することに反対し、物理化学者のオストヴァルトもエネ
ルギー一元論に基づいて反原子論者になった。ボルツマンは熱現象の非可逆性を考察
し、エントロピーを状態確率の関数として表して統計力学の開拓者となったが、原子・
分子の実在性が確かめられていなかったので、反原子論者を納得させることは難しかった。

　ボルツマンはオーストリア帝国の収税吏の息子として 1844 年にウイーンで生まれ、
ウイーン大学で物理学を学んで 1866 年に学位を取得した。2 年間ステファンの助手
を務めた後、グラーツ大学の数理物理学の教授に任命された。1873 年にウイーン大
学に数学の教授として加わりそこに 1876 年まで留まった。1876 年に結婚し、グラー
ツ大学に実験物理学の教授として戻り、その後 14 年間をグラーツで過ごした。彼が
エントロピーの統計力学的解釈を発展させたのはこの時期であった。1890 年にミュ
ンヘン大学の理論物理学の教授に任命されたが、1894 年に師のステファンの後任と
してウィーン大学の理論物理学の教授となり、その後の 10 年間は反原子論者との論
争に多くのエネルギーを費やさねばならなかった。

　ボルツマンのもう一つの問題は、彼には躁鬱病の傾向があったことであった。通常
彼は快活で社交的であったが突然黙り込んでしまうことがあったし、時に理解に苦し
むような異常な行動をすることもあった。現在であればこれは躁鬱病の典型的な症状
として理解され、適当な対策が取られるであろうが、当時はそのまま放置され、反原
子論者との論戦でそれまで自分が信じてきた原子論という壮大な体系が崩れるのでは
ないかという不安から精神状態はさらに悪化した。彼は大学の職を辞して休養の旅に
出かけのたが、1906 年の 9 月 5 日、旅先で自殺した。これは何とも痛ましい出来事
であった。すでに原子論を証明する実験事実が見出されつつあり、あと数年待てば原
子論の完全な勝利が得られるはずであった。

　では目に見えない原子・分子の存在はどのようにして確かになったのであろうか。
まず、花粉から生じる微粒子のブラウン運動の解析があった。アインシュタインは、
ブラウン運動をする粒子が時間 t の間にある決まった方向へ変位する大きさとの間の
関係を理論的に導いた。ここからアヴォガドロ数 N_A が求まる。フランスの物理化学
者ペランは、粒径のそろった微粒子を用いてアインシュタインの予測を、粒子の種類
と観測した変位の数を変えて詳しく検討した。彼の得たアヴォガドロ数は (6.5 ～ 7.2)
$\times 10^{23}$ mol^{-1} の中におさまっていた。ペランはさらにアヴォガドロ数が関与する様々

な現象から得られる $N_A / 10^{23}$ を比較した。気体の粘性率、臨界乳光、黒体のスペクトル、球体の電荷、放射能などから決定された 13 の $N_A / 10^{23}$ の値は全て 6.0 から 7.5 の間にあった。このように、全く異なった現象からほとんど同じアヴォガドロ数が出てきたことは、原子論の正しさ、原子の実在性を示すのに十分であった。ウイーンの中央墓地にある彼の墓には、胸像とともに彼の不朽の業績、S = k log W が刻まれている。

d) 熱力学から物理化学と分析化学が発展した

　化学反応の際に生じる熱については、化学の分野でもラヴォアジェの時代から興味がもたれていた。実験的な研究は 1850 年頃から始まり、ベルテローはボンブ・カロリメーターを開発して反応熱の正確な測定をさまざまな反応について行った。彼は、熱を発生するような反応は自発的に起こるが、熱を吸収するような反応は自発的には起こらないと考えたが、化学反応の方向性と熱との関係は、そのような単純なものではなかった。

　熱力学の発展にともない、化学の問題の理解に熱力学を応用しようという試みが、1860 年代の後半から始まった。熱力学の第一法則と第二法則から、化学変化を支配するのはエネルギーとエントロピーの両方であることは明らかになった。しかし、反応の方向性も含めて化学変化の問題を正確に取り扱うためには熱力学の新しい展開が必要で、ここから化学熱力学が生まれた。その中心は、アメリカのギブズとドイツのヘルムホルツであり、彼らは '自

由エネルギー’と呼ばれる新しい熱力学量を導入した。

> ヘルムホルツの自由エネルギー　$F = E - TS$　　　（体積一定）
> ギブズの自由エネルギー　　　　$G = H - TS$　　　（圧力一定）

　ここで E, H, S はそれぞれ系のエネルギー、エンタルピー*およびエントロピーを表している。化学変化の駆動力は反応物と生成物の間の自由エネルギーの差で表され、体積一定では ΔF が、圧力一定では ΔG が減少する方向に変化が進み、平衡状態ではこれが 0 になる。多くの化学反応は圧力一定の条件下で起こるので、化学者はギブズの自由エネルギー G を用いて化学変化を議論するようになり、19 世紀の終わりから 20 世紀の前半にかけては、多くの化学者が自由エネルギーを決定する実験に挑んだ。

　化学熱力学の重要な成果の一つにネルンストの式とよばれる電池の起電力を与える式の発見があった。電池の反応のギブズエネルギーの変化（ΔG）と電池の起電力 E との間には

$$E = -\Delta G \, / \, \mathrm{n} \mathcal{F} \qquad （\mathrm{n} は反応の電子数、\mathcal{F} はファラデー定数）$$

の関係があり、電池の起電力から反応の自由エネルギーが決められることが示された。

　化学反応の速度の研究も、19 世紀の中頃に始まった。1850 年にドイツのヴィルヘルミーは、酸の存在下でショ糖の加水分解の速度を調べ、反応速度はショ糖の濃度に比例して減少することを見出した。ノルウェーのグルベリとヴォーゲは 1864 年から 1879 年にかけて反応と平衡の関係について詳しい研究を行い、平衡状態では主な反応過程（正反応）とその反対方向の反応（逆反応）を起こす力が釣り合っているとして、'質量作用の法則' を導いた。1984 年にファント・ホッフは、A と B が反応して C と D が生成する反応 A + B ⇆

---

*　**エンタルピー**　外部から系に、圧力を加えて体積を小さくするといった仕事をすると、系のエネルギーは増加する。そのエネルギー変化も含めた系のもつエネルギーをエンタルピーといい、$H = E + PV$ で定義される。

C + D の平衡定数 K を次の式で定義した。

$$K = \frac{k_1}{k_{-1}} = \frac{[C][D]}{[A][B]}$$

　ここで、k_1 および k_{-1} は、それぞれ正反応および逆反応の反応速度、[A] は A の濃度を表す。ルシャトリエは、「**動的な平衡にある系に変化を与えると、平衡はその変化を打ち消す方向に移動する**」という一般原理、'ルシャトリエの法則'を提唱した。1889 年にアレニウスは、ショ糖の転化の研究をしている際に反応速度が温度と共に急激に増大することに興味を持った。彼はこれを反応する活性な分子とそうでない分子の間の平衡として考え、反応速度定数 k の温度変化を与える'アレニウス式'

$$k = Ae^{\frac{E_a}{RT}}$$

を導いた。ここで E_a は活性化エネルギー、A は頻度因子とよばれ、それぞれ反応が起こるために必要なエネルギー、温度にはよらないが反応速度に影響を及ぼす因子を表している。この式に従うと、ネイピア数のべきの値が－で大きくなると k の値が小さくなるので、反応は活性化エネルギーが高いと、また温度が低いと起こりにくくなる。反応を速くするためには、活性化エネルギーを低くするか、温度を上げてエネルギーを高くすればよいことになる。触媒は、活性化エネルギーを低くする作用があると考えられている。

　19 世紀の終わり頃には、溶液の融点が純粋な溶媒の融点より低いこと（凝固点降下）や、沸点が高いこと（沸点上昇）が、分子量を決めるための方法として化学者の注目を集めた。1884 年にファント・ホッフは溶液の浸透圧 (Π) と溶液のモル濃度 C、絶対温度 T の間に

$$\Pi = CRT \qquad (R\text{ は気体定数})$$

の関係があることを示し、浸透圧が絶対温度すなわちエネルギーに比例することが明らかとなった。また、この式からモル濃度が計算できるので、浸透

圧測定が分子量の決定のための新しい手段となった。こうして物質の性質や変化を論理的に説明しようとする分野として物理化学という新しい分野が化学の中の重要な分野として登場した。

　初期の物理化学における大きな問題の一つに電解質溶液の問題があった。アレニウスの電離説では、強電解質は水中で100%解離しているはずであったが、電気伝導度の実験から得られる解離度はそうでないものも多かった。さらに非水溶液での研究が始まると、電離説では説明できない現象が多く見出だされた。電解質溶液で重要な問題として酸・塩基の問題がある。アレニウスの電離説では、酸の溶液では水素イオン H^+、塩基の溶液では OH^- の存在を仮定した。水溶液では、$[H^+][OH^-] = 10^{-14}(mol/L)^2$ であるので、水素イオン濃度は酸性あるいはアルカリ性を表す良い指標となった。1909年にセーレンセンは、水素イオン濃度を表す指標として、pH（ペーハーまたはピーエイチ）という数値を導入した。

$$pH = -\log[H^+]$$

　これによると、pH値は水素イオン濃度 $[H^+]$ のべきの値に -1 を掛けたものであり、酸性、塩基性（アルカリ性）というのは、基本的には水素イオンの量で決まっていることになる。純粋な水では $[H^+] = [OH^-] = 10^{-7}$ mol/L なので pH = 7 で中性であるが、酸を加えると $[H^+]$ が増加し pH値は小さくなり、アルカリを加えると $[OH^-]$ が増加して逆に $[H^+]$ は減少し、pH値は7より大きくなる。

　1923年にデンマークのブレンステッドとイギリスのロウリーは、酸をプロトン（陽子）の供与体、塩基をプロトンの受容体と定義した。しかしこの考えでは、たとえば塩酸と水の反応が $HCl + H_2O = H_3O^+ + Cl^-$ となって、新しい酸と塩基が生じることになる。そこで1923年にルイスは酸・塩基の概念をさらに拡張し、他の分子またはイオンを構成する原子から電子対を受容できる原子をもつ分子またはイオンを酸と定義した。これに対して、電子対を供与するものは塩基である。この定義によれば、O、HCl、SO_3、BCl_3、H^+ などはルイス酸で、CN^-、OH^-、三級アミン、エーテルなどはルイス塩基に

なる。ルイス酸・ルイス塩基の概念は、その後化学の広い分野で用いられる
ようになった。

　19 世紀の終わりから 20 世紀の初頭にかけて物理の世界で大発見が続き、
その成果が取り入れられて近代化学が大きく発展した。まず、1895 年にレ
ントゲンによって X 線が発見され、X 線構造解析が分子や固体の構造を決
定する重要な手段となった。ついで、1896 年にベクレルによって放射線が
発見され、核・放射化学という新しい分野が生まれた。1897 年に J. J. トム
ソンによって電子が発見され、化学現象では電子が主役を演じていることが
明らかになっていった。1905 年頃には原子の実在を示す確実な実験的証拠
がいくつか示され、1911 年にはラザフォードによる金箔の中性子散乱の実
験によって、原子が電子と原子核から成っていることが確認された。そして
ついに、1900 年にプランクによって輻射の量子論が提案され、1912 年にボー
アが原子は特定なエネルギー値の一連の定常状態にのみ存在するというモデ
ルを提案し、量子論が誕生する。

7 量子論の誕生

　19世紀の物理学は、物質とエネルギーの連続性を基盤として構築されていたのだが、20世紀に入ってこの連続性が否定され、量子論が登場した。'量子'という概念は、簡単に言うと何かエネルギーや運動量の構成単位があって、それが、1個、2個、3個、……と、特定のエネルギーの状態だけが原子や分子に許されるという、エネルギーの不連続性を基本としている。我々が日常扱っている物体のエネルギーは任意の値をとる。しかし、原子のエネルギー（実際には原子核の周りを回る電子のエネルギー）の値は常に一定で、特定の値だけに限られる。このことは、原子が吸収あるいは放出する光の波長（エネルギーの逆数）が、いつどこで測っても全く同じであることからも推察できる。しかしながら、これらの実験事実はそれまでに確立されていた物理学の理論では全く説明することができず、新しい考え方が必要であった。そのきっかけになったのが、熱輻射（黒体輻射）のスペクトルである。加熱された物体は光（電磁波）を発するが、その波長は物体の温度に依存する。これは溶鉱炉で加熱された鉄の色が、温度の上昇とともに赤からオレンジ色、そして白色と変わることでわかる。この現象を説明することは、19世紀末の物理学者を惹きつけた難問のひとつであった。

a) 古典物理学* では説明できない現象

　1900年、プランクは物質を構成する原子や分子をある振動子と考え、そのエネルギーが次の式で表されることを仮定して、太陽光のスペクトルを見事に説明した。

$$E = nh\nu \qquad n = 1, 2, 3, \cdots$$

---

* **古典物理学**　ニュートン力学やマックスウェルの電磁気学など、量子力学が生まれるまでに確立されていた体系的な物理学を古典物理学とよんでいる。

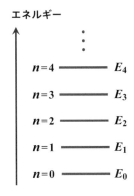

7-1　離散的なエネルギー準位

　ここで、h は'プランク定数'とよばれる定数、ν は分子を何らかの形の振動子と考えたときの振動周波数である。この式は、分子のもつエネルギーが"はしご段"のような等間隔の特別な値だけに限られることを表している。振動子に許される特定のエネルギーの状態をエネルギー準位というが、限られたエネルギーの値だけしか許されないので、これを離散的な（discrete）エネルギー準位とよんでいる（図 7-1）。この考えを基に、プランクは次のような熱輻射の強さ（$I(\lambda, T)$）の波長分布とその温度変化を与える式（プランクの法則）を導いた。

$$I(\lambda, T) = \frac{2hc^2}{\lambda^5} \frac{1}{e^{hc/\lambda kT} - 1}$$

　ここで、λ は電磁波の波長、c は光の速さ、k はボルツマン定数である。熱輻射とは高温の物質が発する光（電磁波）のことで、この式から得られる結果は、広い温度範囲で高温の物体の発する熱輻射のスペクトルの温度変化（図 7-2）とほぼ完全に一致した。古典物理学で考えると、波の強さは波長に逆比例し、波長が短くなるほど大きくなると予測されるが、実際の熱輻射の強度は短波長領域で小さくなる。プランクの法則は、そもそも離散的なとびとびのエネルギー準位を仮定して導かれたもので、これが熱輻射の観測結果と

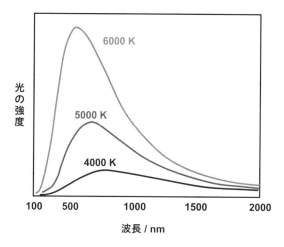

7-2　プランクの式による熱輻射のスペクトル

合致したことは、それを証明したことになる。式の詳細を理解するのは容易ではないので詳しい説明はここでは割愛するが、基本的には波長が短くなるとエネルギーが大きくなって、離散的なエネルギー準位の間でのエネルギーのやり取りの効率が悪くなると考えると理解できる。エネルギーやエントロピーなどのマクロな概念で説明できると考えられていた熱輻射のスペクトルが、原子・分子のモデルとその離散的なエネルギー準位で説明できたことには、それまでの古典物理学でわからなかったことが新しい理論で理解できたという、極めて大きな意味があった。

　もうひとつ、離散的なエネルギー準位を明確に示す実験結果が、水素原子の発光スペクトルである。水素気体中で放電すると分子が解離して励起 H 原子が生成して発光が観測されるが、そのスペクトルを観測すると、どのような条件であっても、常に同じ決まった波長の光を発していることがわかった。たとえば、ライマン α 線の波長は 122 nm、バルマー α 線は 656 nm に、必ずスペクトル線が観測される。これは、原子核の周りを回っている電子によることが知られているが、リュードベリーはこれらの波長を深く考察して、そのエネルギー準位が

$$E = R_\infty \frac{1}{n} \qquad n = 1, 2, 3, \cdots$$

で与えられることを示した。これによって、原子のエネルギー準位が離散的であり、それぞれの準位のエネルギーの値が普遍的に決まっていることが証明された。しかし、その理由を理解するには、さらに新しい考え方が必要であった。それが、「**電子は粒子性だけでなく、波動性も持ち合わせている**」という仮説で、ここから量子論が生まれ、基本方程式としてシュレーディンガー方程式が提唱されて、実験結果が定量的にも説明できるようになる。

b) 粒子性と波動性

光の照射によって金属の表面から電子が放出される「光電効果」の現象は、1887年にヘルツによって発見された。1902年にレーナルトは、光の周波数があるしきい値（v_0）より小さいときには光の強度がどんなに強くても電子は放出されないこと、放出された電子の運動エネルギーは光の周波数と v_0 の差に比例することを実験で示した。これらの結果は光の波動説では説明できないものであったが、1905年にアインシュタインは、光を

$$E = h v \qquad n = 1, 2, 3, \cdots$$

で表されるエネルギーをもつ粒子（光子）と考える‘光量子仮説’を提唱して、これらの実験結果を見事に説明した。これは、**光が波動性と粒子性の二重性を持つ**こと、光子のエネルギーは周波数で決まっていることなどを含む画期的な考え方であったが、光電効果の実験結果を矛盾なく説明することができ、さらに他の多くの現象が光子の概念を用いて理解されるようになった。

20世紀初頭にラザフォードは、原子は中心の正の電荷を帯びた小さな原子核とそれを取り巻く電子から成るという原子モデルに到達した。プランクとボーアは、原子核の周りを回っている電子のエネルギーも定常状態が維持できるような決まった値しかとれないと仮定して電子のエネルギーを計算し、水素原子のスペクトル線の波長を説明した。その理論では、原子の発光は電

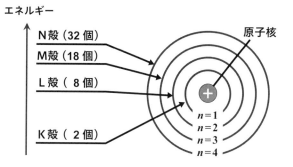

エネルギー

N殻（32個）
M殻（18個）
L殻（ 8個）

原子核

$n=1$
$n=2$
$n=3$
$n=4$

K殻（ 2個）

7-3　ボーアの原子模型と電子の殻

子がエネルギーの高い軌道から低い軌道に遷移するときに生じ、同時にその
エネルギー差（ΔE）と同じエネルギーをもつ光子が放出されると考える。
そのとき、

$$\Delta E = h\nu = \frac{hc}{\lambda}$$

の関係が成り立つ。ここで、ν は光の周波数、c は光の速度、λ は光の波長
であり、**光子のエネルギーは周波数に比例し、波長に逆比例する。**

　それから 10 年の間、ボーアはこの理論の修正と発展を試み、1922 年に原
子内の軌道（殻）にエネルギーの低いものから順に電子を詰めてゆく '組み
立て原理' を考え、原子がもっている電子の構造についてのモデルを提唱した。
これは、ボーアの原子模型とよばれ、図 7-3 に示してある。彼は電子の数に
よって、原子内の殻を K 殻（2）、L 殻（2、6）、M 殻（2、6、10）、N 殻（2、6、
10、14）のグループに分け、周期表の 86 番までの元素を、2、8、8、18、18、
32 の周期で並べ、はじめて原子番号と原子の電子の構造の間の対応が明ら
かとなった。2 番目からのグループでは殻の電子のエネルギーはすべて同じ
でなく、さらに 2、6、10、14 のサブグループ（それぞれ s, p, d, f 軌道とよぶ）
に分けることができる。また、電子はスピンという固有の性質も持っており、
それも含めて原子内の電子の状態は四つの量子、n, l, m, m_s（主量子数、方

位量子数、磁気量子数、電子スピン量子数）で表されることも示した。これ
らの量子数の値は整数であり（m_s は半整数）、電子のエネルギーや性質など
の規則性を表す。こうして、ボーアのモデルは原子のスペクトルだけでなく、
元素の周期表と化学的性質の違いもうまく説明できたが、まだ不充分なこと
も多く、これを解決するのには根本的に新しい考え方が必要であった。そし
て、新しい物理学、すなわち量子力学の最終的な構築が 1925 年からハイゼ
ンベルク、シュレーディンガー、ディラックらによって始められ、原子・分
子の理解は飛躍的に進むことになった。

　1927 年、エルヴィン・シュレーディンガーは次のような量子力学の基本
方程式を提唱した。

$$\mathcal{H}\psi = E\psi$$

　この方程式は‘シュレーディンガー方程式’とよばれているが、これを解
くことによって、原子・分子に許される準位のエネルギー E の値を求める
ことができる。この両辺に含まれる ψ は‘波動関数’とよばれ、**粒子と考え
られる原子・分子が波動性も持ち合わせている**と考えて、その空間分布を座
標の関数として表したものである。H は‘ハミルトン演算子*’で、実際には
関数を 2 回微分を含む演算をすることを表している。したがって、シュレー
ディンガー方程式を満たす ψ としては、2 回微分しても形が変わらないもの
となり、たとえば正弦関数（$\sin x$）などが考えられる。これはよく知られた
波を表す関数であり、シュレーディンガー方程式は波動方程式と考えること
ができる。

　最も簡単な例としてよく知られているのが、‘箱の中の粒子’とよばれて
いるモデルである。いま、図 7-4 で表されるようなポテンシャルエネルギー
を考える。これは井戸型ポテンシャルとよばれるもので、1 次元の空間（直線）

＊**ハミルトン演算子**　シュレーディンガー方程式は、固有値方程式とよばれるものであり、
演算子を波動関数に作用させるとエネルギー固有値が得られると表現される。演算子とは、
関数に加減乗除などの演算を施すことを表したもので、粒子のエネルギーに対応する演算
子をハミルトン演算子とよんでいる。

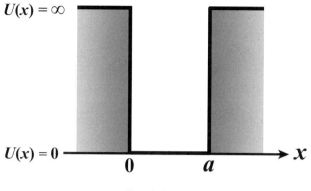

$U(x) = \infty$

$U(x) = 0$

0　　　**a**　　x

7-4　井戸型ポテンシャル

の一部、$0 \leq x \leq a$ ではポテンシャルエネルギーは 0、それ以外では無限大で、その領域から粒子は外へ出られないという設定になっている。粒子として電子（質量 m）を考えると、ある空間領域に電子を閉じ込めたことになって、最も簡単な原子のモデルになっている。このポテンシャルエネルギーを考慮したシュレーディンガー方程式を解くと、電子に許されるエネルギーの値（エネルギー固有値）を求めることができる。具体的な解法は、量子力学や物理化学の教科書に必ず書いてあるのでここでは省略するが、方程式の解として得られるエネルギーの値は次のように表される。

$$E_n = \frac{n^2 h^2}{8ma^2} \qquad n = 1, 2, 3, \cdots$$

n は正の整数（自然数）なので、この粒子が取りうるエネルギーの値は、

$$E_1 = \frac{h^2}{8ma^2}, \ E_2 = \frac{4h^2}{8ma^2}, \ E_3 = \frac{9h^2}{8ma^2}, \ \cdots$$

と、簡単な n の関数で表される特定の値だけになる。この n を量子数といい、エネルギーが $1^2, 2^2, 3^2, \cdots$ とその二乗で与えられて規則正しい値になることを表している。

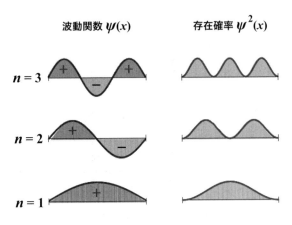

波動関数 $\psi(x)$　　　存在確率 $\psi^2(x)$

$n = 3$

$n = 2$

$n = 1$

7-5　1次元箱の中の粒子の波動関数と確率分布

　このような簡単なモデルでも、決まった値のエネルギーしか許されないという結論が得られる理由は、波動関数を見るとわかる。それぞれのエネルギー固有値 E_n には、次のような波動関数 $\psi_n(x)$ が定められる。

$$\psi_n(x) = \sqrt{\frac{2}{a}}\sin\frac{n\pi x}{a} \qquad n = 1,\ 2,\ 3,\ \cdots$$

これを'固有関数'という。このように、1次元箱の中の粒子の固有関数は単純な正弦関数で与えられる。その具体的な値をグラフにしたのが図7-5であるが、最もエネルギーの小さい $n=1$ の準位に対応する波動関数は0から a までなめらかに変化する丘のような形をしていて、楽器の弦の振動と同じである。

　波動関数とはいったい何なのだろうか。これについては長い間盛んに議論が交わされたのだが、ボルンによって提唱された「**波動関数の二乗の値が粒子の存在確率を表す**」という考えが、今では原子や分子の理解の根底となっている。すると、図の右欄に示した確率分布（固有関数の二乗）からわかるように粒子が空間のどこにどれだけいられるかは位置によって異なり、たとえば $n=1$ の場合は、中間の位置に粒子がいる確率が最も高く、端のほうに

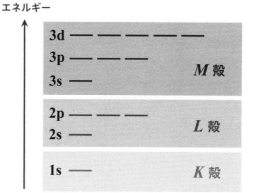

エネルギー

3d —— —— —— —— ——
3p —— —— ——
3s ——　　　　　　　*M* 殻

2p —— —— ——
2s ——　　　　　　　*L* 殻

1s ——　　　　　　　*K* 殻

7-6　多電子原子のエネルギー準位

は粒子はほとんどいることができないということになる。これに対して、$n = 2$ の場合は、中間の位置に粒子がいることができない。これから、「**粒子を限られた空間（箱）の中に閉じ込めるとその存在確率は位置によっても準位によっても異なる**」ことが結論される。

　それでは、原子のエネルギー固有値と固有関数はどのようになっているのだろうか。実際の多電子原子*のエネルギー準位をわかりやすく示すと図7-6のようになる。この図では、下から上に向かってエネルギーが大きくなっており、横棒はエネルギー準位を表している。原子のエネルギー準位は、エネルギーの低いほうから、1s → 2s → 2p → 3s → 3p → 3d……と並んでいる。1, 2, 3,……の数字は主量子数であり、原子を取り巻く電子の殻を表していて、主量子数の順に *K, L, M*,……と名前がついており、主量子数が大きくなるにつれて、空間的な広がりが大きくなる。それぞれのエネルギー準位には、エネルギーの小さい順に2個ずつ電子が入っていく。たとえば、原子番号1のH原子は1s軌道に電子が1個、原子番号2のヘリウムでは2個入っている。**電子はひとつのエネルギー準位に1個だけ入っていると活性であるが対を**

---

* **多電子原子**　電子を2個以上持つ原子を多電子原子という。イオンでなく安定な原子では、水素原子以外はすべて多電子原子である。

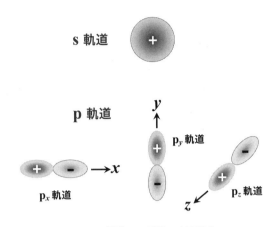

7-7　s軌道とp軌道の空間分布

作ると安定になる性質をもつ。したがって、H原子は化学的に活性で反応を起こすが、Heはまったく反応をせず、また化学結合も作らないので原子のまま気体で安定に存在する（単原子気体）。

　それぞれの殻のエネルギー準位に s, p, d, …… という記号がついているが、これはそれぞれの準位の波動関数の種類を表していて、一般には軌道とよばれている[*]。s軌道と3つのp軌道の形を図7-7に示す。s軌道は球対称の丸い形をしているが、p軌道は1つの軸方向に伸びていて、その軸の周りに円筒対称になっている。3つのp軌道は大きさや形は同じであるが、軌道が伸びている方向が異なる。波動関数の大きさ（波の強さ）の二乗が電子の存在確率、つまり電子がそこにどれだけいやすいか表しているので、p軌道による化学結合ではその方向がひとつに定まる。したがって、それぞれの原子の軌道の形や方向によって分子の構造が決まることになり、分子の性質は波動関数と電子の配置によって深く理解することができる。

---

[*] **原子の軌道**　s軌道、p軌道はシュレーディンガー方程式から得られる固有関数（波動関数）であるが、しばしば軌道ともよばれる。しかし、電子が周回している軌跡ではなく、その空間分布が電子の存在確率を表している。

c) 化学結合はなぜできるのか

　原子が結合して分子になるのだが、化学結合はどのようにしてできているのであろうか。ドルトンやベルセリウスら19世紀初めの化学者は、極性を持った原子の間の電気的な力が化学結合の原因だと考えていたので、同種の原子が水素分子のような2原子分子を作ることが説明できなかった。1916年には、ルイスが結合を作る原子間に二つの電子（電子対）を共有する'共有結合'の概念を提案して多くの分子の結合を議論したが、まだ量子力学が生まれていなかったので、真に化学結合を理解することはできなかった。

　最も簡単な化学結合は、水素分子のH–H結合である。+の電荷をもつ2つの原子核を近づけても、電気的な反発が大きくなるだけで安定な結合はできない。そこで重要なのが、−の電荷をもった電子の位置と存在確率であり、ここでは2つの波動関数の重なりで結合を考えてみる（図7-8）。2つの水素原子を近づけると中間の位置で1s軌道が重なり、波動関数の値は大きくなる。その2乗が電子の存在確率を表すので、軌道が重なった領域で電子の存在確率は大きくなる。つまり、2つの水素原子が近づくと、電子は自動的にその中間領域にいる確率が高くなり、その地点の平均の電荷分布は−に偏る。すると、分子全体の電荷分布としては+−+となって原子核どうしの反発が打ち消され、安定な化学結合ができると考えるのである。

　重なり合った原子軌道は分子全体に広がった軌道（分子軌道）を形成し、

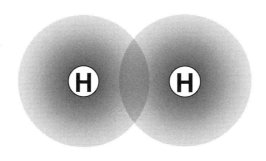

7-8　H_2 の分子軌道

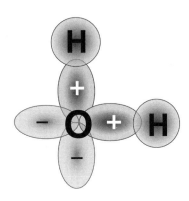

7-9　H_2O の分子軌道

それに対応した分子のエネルギー準位ができる。**それぞれの原子のもつ電子が分子の１つのエネルギー準位に２個入って対を作ることで安定な化学結合を生じることになり、これを共有結合とよんでいる。**まずは、水分子（H_2O）の分子軌道について考えてみよう（図7-9）。O原子（原子番号8）は8個の電子を持っているが、そのうちの2個は対を作らず、$2p_x$、$2p_y$軌道に1個ずつ入っている[*]。この不対電子の数だけ原子は結合を作ることができ、それを‘原子価’という。O原子の原子価は2である。p軌道は1つの軸の方向に伸びていて、軌道の重なりを生じて化学結合を作ろうとすると、その軸上に他の原子の軌道が位置しなければならない。O原子の$2p_x$、$2p_y$軌道はお互いに直交しており、それぞれを占有している電子がH原子の1s軌道の電子と対を作ると考えると、2つのO–H結合のなす角は90°でなければならない。したがって、H_2O分子は直角二等辺三角形になると予想される。実際には、∠HOHは104°とこれより少し広がっているが、二等辺三角形であることは実験的に確かめられている。この構造では電荷分布に空間的な偏りが生じており、このような分子を‘極性分子’とよんでいる。極性が大きくなると分子

---

[*]**p軌道の電子配置**　$2p_x$、$2p_y$、$2p_z$軌道のエネルギーは等しく（縮退軌道）、この場合は電子はなるべく別の軌道に対を作らずに入るのが、組み立て原理のひとつになっている。

どうしの引きつける力も大きくなり、水素結合ネットワークもできて、水は気体になりづらく常温でも液体のままでいられる。他の多くの二原子分子（H_2, N_2, O_2,……）、三原子分子（CO_2, O_3, SO_2,……）はお互いに引きつけ合う力がそれほど強くなく、常温常圧で気体である。同じような分子軌道はアンモニア分子（NH_3）でも考えられ、直交する3つのp軌道がそれぞれN–H結合を作るので、NH_3分子は正三角錐の形をしている。

　これに対して、有機分子の骨格となっているC原子の化学結合は特徴的であり、分子によって結合角が大きく異なる。これは、1931年にポーリングおよびスレーターによって導入された'混成軌道'という考え方で説明することができる（図7-10）。C原子（原子番号6）は6個の電子をもっているが、そのうちの2つは対を作らず、$2p_x$, $2p_y$軌道にそれぞれ1個ずつ入っている。メタン分子（CH_4）ではC–H結合が4つあって、C原子の原子価は実際には4になっている。これを説明するために、まず2s軌道に入ってすでに対をなしている電子のうちの1個を$2p_z$軌道に移し、不対電子を4つにする。さらに、2s軌道と2p軌道を等しく混合して4つの特殊な軌道を作る。これが混成軌道である。実際には右図に示してあるsp^3、sp^2、sp混成の3つの形があり、sp^3は正4面体（正三角形を4つ貼り合わせた物体）の頂点に向かった4つの軌道、sp^2は平面内で120°の三方向に向いた軌道、spは1直線上で逆方向の2つの軌道である。

　sp^3混成軌道は、s軌道と3つのp軌道を混合し、4つの同じ形の軌道を作ったものである。メタン分子は空間的には正四面体配置をとり、中心のC原子から正四面体の頂点にあるH原子へと4つの結合が伸びる。メタン分子全体としては電荷の偏りのない'無極性分子'であり、分子どうしの引きつけ合う力はとても弱い。また、すべての不対電子が4つのC–H結合を作っているので化学的に安定となり、常温では化学反応を起こさないので、メタンは無味無臭の気体である。

　s軌道と2つのp軌道を混合して3つの同じ結合を形の軌道を作ったのが、sp^2混成軌道である。空間的には1つの平面内で120°の角度をなして三方向へ結合が伸びており、その例はエチレン分子（C_2H_4）である。C原子の3つのsp^2混成軌道のうち2つはH原子の1s軌道とC–H結合を作り、残りの1

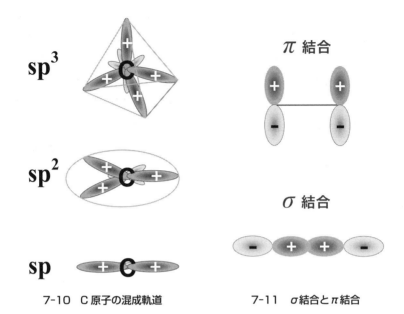

7-10　C原子の混成軌道　　　　　　7-11　σ結合とπ結合

つはもう1つのC原子とC–C結合を作る。結合角はほぼ120°で、6つの原子はすべて1つの平面上にある。これを平面分子という。C原子の4つの不対電子のうちの1つは混成軌道に参加していない。これは分子平面に垂直なp軌道で、2つのC原子のp軌道が平行に並び、その中間で軌道の重なりが生じて化学結合を作る。これをπ結合とよび、sp^2混成軌道どうしの重なりによってできるσ結合とπ結合で二重結合（C=C）が形成される（図7-11）。ベンゼンでは、6個の炭素原子が隣同士の炭素原子とσ結合とおよびπ結合で結合して正六角形のベンゼン環を作り、各々の炭素原子が水素原子と結合している。

　s軌道と1つのp軌道を混合して2つの同じ形の軌道を作るのがsp混成軌道である。空間的には一軸上で反対方向を向いている。二酸化炭素分子（CO_2）では、C原子のsp混成軌道とO原子のp軌道でσ結合を作り、混成に参加していないC原子のp軌道とO原子のp軌道がπ結合を作って二重結合（C=O）を形成する。CO_2分子ではすべての原子が直線状に並んでおり、これを‘直

線分子'という。分子全体としては電荷の偏りがない無極性分子で、分子ど
うしが引き合う力も弱く、常温では気体、−76℃では固体（ドライアイス）
になる。化学的には不活性で反応性も低い。

　安定な化学結合ができるためには、原子軌道の重なりが必要である。これ
まで見てきた化学結合には、H_2 分子の s 軌道と s 軌道の重なり、H_2O 分子
の s 軌道と p 軌道の重なり、CH_4 分子の C 原子の sp^3 混成軌道と H 原子の s
軌道の重なり、C_2H_4 分子の平行に並んだ C 原子の p 軌道どうしの重なりに
よる π 結合などがあった。分子軌道と化学結合のしくみがわかれば、分子の
形や性質は容易に推測できる。

8 化学反応の探求

　化学反応は物質がまったく性質の異なるほかのものに変わってしまう現象で、古くから多くの科学者の興味を惹いてきた。燃焼や熱分解、酸塩基反応など、身近に起こる反応を詳しく調べることから始まり、錬金術では反応を巧みに制御して価値の高い物質を創成しようとしていた。一般に、化学反応はエネルギーを与えると促進されるので、燃やしたり加熱したりすると反応がよく起こる。科学技術が発達すると、光、電気、電子、圧力などでもエネルギーを与えられるようになり、応用できる反応の種類は飛躍的に増え、新しい物質の創成も大きく進んだ。いまでは数えきれないくらい多くの種類の化学反応が知られているが、20世紀に入って量子化学が生まれ、その研究は一気に進んだ。反応に関与する原子・分子自体の性質とそれらの間の相互作用、素反応過程とエネルギーの分配などが理論的に予想できるようになり、今でも最先端の研究が続けられている。ひとつの反応過程を完全に理解できたり、新しい反応を見出したりする研究は、化学の醍醐味のひとつである。

a) 化学反応を起こしたい

　化学反応の研究で歴史的に注目しなければならないのは、1772年にラヴォアジェが行ったリンと硫黄の燃焼実験であろう。**燃焼反応は、古代ギリシャ、アリストテレスの時代からの重要な研究テーマであり、物質が何からできているかという謎を解き明かす鍵でもあった。**ラヴォアジェは、精緻な天秤を作って反応物と生成物の重量を正確に測定するという実験を繰り返し、燃焼反応によって重量は増加し、それが空気によるものであることを見出した。実はこれよりも前の16世紀後半には、ロバート・ボイルが錫や鉛を密閉ガラス容器の中で加熱して重量の増加を発見していたのだが、その結果が誤った解釈を招くことになり、後の「フロギストン説」につながった。フロギストンというのは燃える物質に含まれていて、燃焼によってそれが外へ出てくるという考え方であり、ラヴォアジェも最初はそれを信じていたが、多くの

実験結果は「**物質が何か空気中の元素と結合するのが燃焼である**」ということを示していた。1774 年、プリーストリーは水銀灰を加熱したときに得られる気体が助燃性があり、その中でネズミが生き続けることを見つけた。ラヴォアジェは、これが求めている元素だと考え '酸素 (oxygene)' と名付けた。酸素は水銀灰に含まれる酸化水銀 (HgO) が分解して生じたと考えられる。

$$2HgO \rightarrow 2Hg + O_2$$

こうして燃焼とは酸素が付加する反応であることが明らかとなり、多くの物質の燃焼反応が詳しく研究された。たとえば、赤リンの燃焼はかなり複雑であるが、その反応式は

$$P_4 + 5O_2 \rightarrow P_4O_{10}$$

で表されることがわかった。また、空気には酸素が含まれていることも明らかになり、定量的な実験が繰り返されてその割合は体積にして 5 分の 1 であることも確かめられた。さらに注目したいのは、ラヴォアジェが燃焼反応を起こすのに太陽光をレンズで集めて使っていた（図 8-1）ことであり、この方法でダイヤモンドが燃焼することも発見している。光化学反応研究の最初である。

燃焼反応は一般にある温度以上にならないと起こらない。この温度を発火点というが、反応を有効に起こすためには、反応物により大きなエネルギーを与えることが必要となる。このことは、水の合成反応でも同じであった。1781 年、ラヴォアジェらと同じように気体の反応の研究をしていたプリーストリーとキャベンディッシュは、金属に酸を加えて発生する気体（水素）と空気を混ぜ合わせて火花を飛ばすと水が生じることを発見した。これによって、それまで単一の元素であると考えられていた水は、水素と空気中の酸素が結合してできていることがわかったのである。それと同時に、水素と酸素はただ混合しただけでは反応せず、火花放電によって瞬間的に大きなエネルギーを与えなければならないことも明らかとなった。ラヴォアジェもこの実

8-1　ダイヤモンドの燃焼実験

験の追試を行って結果を発表し、同時にこの逆反応である水の分解にも成功している。炉の火の中に銃身を傾けて通し、そこに水滴を通して分解したのだが、生じた酸素は鉄と結合し、水素は気体として捕集することができた。これによって気体体積比では水素：酸素＝2：1、重量比では15：85であることがわかった。

　その後、科学技術が発達して反応の研究は急速に進んだが、重要な課題は化学反応を有効に起こすためにはどのようにすればよいかということであった。その有力な方法のひとつが触媒である。実は、ラヴォアジェの水の分解の実験では、高温の鉄が触媒として働き、分解反応の効率が上がっていたことが成功の要因であったと推察される。このとき、鉄自体は水の分解反応に直接参与してはいないが、反応効率を高める重要な役割を果たしている。これが触媒である。触媒がとても有用であることが示されたもうひとつの例として、気体の窒素と水素からアンモニアを合成する反応がある。

$$N_2 + 3H_2 \;\rightarrow\; 2NH_3$$

　窒素分子も水素分子も安定な化合物であり、この反応は通常の状態では起

こらない。20世紀に入ってすぐ、フリッツ・ハーバーはそれまでの研究結果を理論的に考察し、触媒を使うと200気圧、500℃で反応が効率よく起こることを示した。それから6000回に及ぶ合成実験の末、ついに触媒として鉄鉱石を使うと効率よくアンモニアが合成できることを発見した。1906年、カール・ボッシュは工業的な規模で合成反応ができる設備を作り、最初の1年で年間3万トン以上のアンモニアを製造した。この合成法は'ハーバー・ボッシュ法'とよばれ、ハーバーは1918年、ボッシュは1931年にノーベル化学賞を受賞している。

その後も触媒の開発が化学反応研究の大きな柱となり、気体反応ばかりでなく、液体、固体の多くの化学反応で有効な触媒が次々と見つかり、社会で広く役立てられるようになった。酸素と水素による水の合成については白金触媒が有効であり、反応時に生じる電気を利用する燃料電池が開発されているし、遷移やポリマーを重合反応で作るときにはアルミニウムイオンを含むチーグラー・ナッタ触媒などが使われている。日本で開発された優れた触媒も多く、野依良治（2001年、ノーベル化学賞受賞）が開発した特定のキラル分子だけが得られる触媒、特異的な炭素–炭素結合を作るクロスカップリング触媒（鈴木章、根岸英一、2010年ノーベル化学賞受賞）などは製薬や医療にも広く応用されて今でも重要な役割を果たしている。

b) 身近で基本的な化学反応

水はもっとも身近な物質であるが、典型的な化学反応の例がその水分子（H_2O）の解離である。化学反応式は

$$H_2O \ \rightleftarrows \ H^+ + OH^-$$

と表され、水分子が解離するときにH原子は電子をOHに渡し、H^+とOH$^-$の2つのイオンが生成する。これを'電離'という。水のO–H結合を切断するには非常に大きなエネルギーが必要であるが、液体の水では常温でこの電離反応が比較的容易に起こっている。それは、実際の水の中ではいくつかの水の分子が瞬間的に特別な構造をとり、協同してH原子を引き抜くと考え

られているが、詳細はまだ明らかにされていない。反応式の左向きの矢印は、逆に H^+ と OH^- が結合して H_2O に戻る過程を示しており、**通常ではこの左右の反応の速さが等しく、定常的な H^+ と OH^- の濃度（これを $[H^+]$, $[OH^-]$ で表す）は一定になっている。**この状態を平衡というが、25°Cの純粋な水では、

$$[H^+] = [OH^-] = 1 \times 10^{-7} \, \text{mol/L}$$

という一定の値になっている。

　ひとつの反応が完結するのに、実際には多くの基本となる反応過程が段階的あるいは競争的に進行する。それぞれの過程は素反応過程とよばれ、これが組み合わさってひとつの反応過程が成り立っている。その例として、天然ガスの燃焼反応について見てみよう。天然ガスの主成分はメタン分子（CH_4）であり、その燃焼反応は多くの素反応過程によって構成されているが、化学反応式（または熱化学方程式）は次のように表される。

$$CH_4 + 2O_2 = CO_2 + 2H_2O + 891 \, \text{kJ/mol}$$

　最後に加えて示されているのが反応熱で、これは 1 mol（16 グラム、1 気圧 25°C で 25 リットル）の CH_4 を完全燃焼させると 891 kJ ≈ 210 kcal の熱量が得られることを表してる。これは、2.1 リットル、0°C の水を 100°C にできる熱量である。燃焼反応は、何か生成物を得たいのではなく、熱エネルギーを得るために用いられることが多いので、この大きな反応熱はとても重要であり、反応が効率良く起こるように条件を工夫する。この反応は常温常圧で CH_4 と O_2 を混合しただけでは起こらない。混合気体に炎や放電火花で点火すると活性分子種が生成し、それが連鎖的な反応を引き起こし、炎となって定常的な燃焼を続けることができる。

　我々の生活で身近な反応としては発酵反応がある。これは主に、酵母菌などの微生物によって、食物に含まれる炭水化物や糖を酸化させるもので、保存食にしたり、独特の風味を出したりと、化学反応が巧みに利用されている。

反応物を酵母菌と混ぜて酸素のない状態で適当な温度に保っておくと、酵母菌はエネルギーを得るために糖を分解して、安定なアルコールや酸を生じる。いわば細菌の代謝や呼吸であり、同時に二酸化炭素（CO_2）を生じることが多い。代表的な単糖であるグルコース（ブドウ糖）を酵母と混ぜ合わせ、酸素のない雰囲気下で放置しておくとエチルアルコールが生じる。これをアルコール発酵といい、化学反応式は次のように表される。

$$C_6H_{12}O_6 \rightarrow 2C_2H_5OH + 2CO_2$$

穀物や果物にはグルコースが多く含まれていて（デンプンはグルコースが重合してできたものである）、これに酵母（麹など）を加えて常温に保っておくとエチルアルコールを含む酒、ワイン、ビールができる。酸を生じる発酵反応も広く利用されていて、たとえば乳酸発酵は次のように表される。

$$C_6H_{12}O_6 \rightarrow 2CH_3CH(OH)COOH$$

結果的にはグルコースが分解して2分子の乳酸が生じているが、この反応には多くの素反応過程が複雑に絡み合っていて、詳細はまだ知られていない。ただ、通常ではなかなかできない難しい化学反応を微生物がいとも簡単に起こしているのは驚くべきことである。

c) 化学反応の理論的な研究

分子を作っている化学結合が変化し、新たな分子種が生成する過程が化学反応である。図8-2は、二原子分子 AB の原子間距離 $R(A-B)$ を横軸にとって、分子のもつエネルギー（ポテンシャルエネルギー）の大きさをグラフにしたものである。エネルギーが最小になる $R(A-B)$ を'結合長'といい、原子間距離がこれより短くなると、+の電荷をもつ原子核どうしの反発が強くなってエネルギーは大きくなり、$R(A-B) = 0$ の極限では無限大になる。逆に、原子間距離が結合長よりも長くなると、原子軌道どうしの重なりが小さくなり、結合による安定化エネルギーが減少してポテンシャルエネルギーは

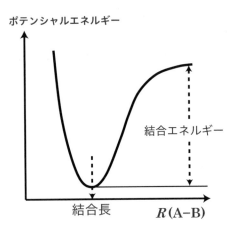

ポテンシャルエネルギー

結合エネルギー

結合長　　R(A−B)

8-2　二原子分子のポテンシャルエネルギー

大きくなっていき、R(A − B) = ∞では結合していない2つの原子のエネルギー
の和の値に漸近していく。この極限でのエネルギーと結合長における最小の
エネルギーの差を‘結合エネルギー’または‘解離エネルギー’といい、これ
より大きいエネルギーを与えることができたら結合が切れ、解離反応が起こ
る。分子にエネルギーを与えるには熱、光、電子衝撃などの方法があり、生
成物として高いエネルギーをもった原子や活性な分子種ができる。さらにそ
れらは周りの原子や分子と衝突し、他の分子種へと変化して、一連の化学反
応が完了する。

　化学反応に関する理解は、20世紀になって大きく進んだ。1930年代になっ
て、アイリング、ポラニーらによって統計熱力学的な手法による反応の遷移
状態理論が発展し、反応速度を理論的に計算しようとする試みが始まった。
反応の進行に伴って反応系のエネルギーは始状態（反応物）から終状態（生
成物）に向かって図8-3に示すように変化する。このエネルギー曲線の山の
頂上に当たる状態を‘遷移状態’とよぶ。遷移状態理論では、生成物と遷移
状態の間に疑似的な平衡があると仮定し、統計力学的な手法で反応速度を求
める。これによって、多原子分子間の反応速度が衝突論で予想されるよりも

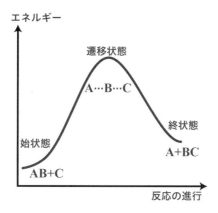

8-3 反応の進行と遷移状態

はるかに遅い理由や、反応速度に対する溶媒効果、圧力効果、同位体効果などの実験結果を定性的に説明することができた。

　しかしながら、実際には簡単な式で反応速度を表すことが難しい反応も多い。それは簡単な分子の間の反応でも複雑な過程が絡んでいるからであり、たとえば臭素と水素から臭化水素ができる反応では、臭素と水素の分子の衝突で HBr の分子ができるのではなく、次のような反応機構で起こることが、1907 年にボーデンシュタインによって提案された。

$$Br_2 \rightarrow 2Br \qquad (1)$$
$$Br + H_2 \rightarrow HBr + H \qquad (2)$$
$$H + Br_2 \rightarrow HBr + Br \qquad (3)$$
$$H + HBr \rightarrow H_2 + Br \qquad (4)$$
$$2Br \rightarrow Br_2 \qquad (5)$$

　この反応機構では、まず（1）の Br_2 の分解反応で Br が生成し、これが（2）で H_2 と反応して HBr が生成する。生成した H は（3）の反応でさらに HBr

103

を生成するので、HBr は連鎖的に生成する。しかし、(2)、(3) の反応で生成した HBr は (4) の反応の進行を阻害する。また、(1) の反応は熱分解でも光分解でも起こることがわかり、全体の反応速度はそれぞれの過程の速度を用いて連立方程式を解くことによって求めることができる。

　20 世紀の前半には、気相の有機分子の反応でも同様な反応機構が次々に解明された。1925 年にテイラーは、有機のフリーラジカルが反応に関与していることを提案した。彼は水素 (H_2) とエチレン (C_2H_4) の間の反応を研究し、次の機構を提案した。

$$H_2 + h\nu \;\rightarrow\; 2H$$
$$H + C_2H_4 \;\rightarrow\; C_2H_5$$
$$C_2H_5 + H_2 \;\rightarrow\; C_2H_6 + H$$

　この反応では、紫外光 ($h\nu$) で水素分子が解離して水素原子 (H) を生じ、生じた水素原子がエチレンと反応してフリーラジカルのエチルラジカル (C_2H_5) を生じる。C_2H_5 は水素分子と反応してエタンと水素原子を生じる。この反応でも水素原子を生じるので、水素原子が連鎖の担い手になって次々と反応が起こる。このような原子やラジカルが関与する気相の反応では、連鎖の担い手が急激に増加して反応が爆発的に起こることもある。

　分子が光化学反応を起こすという考えはすでに 19 世紀からあったが、シュタルクとアインシュタインによって光量子の概念が光化学反応の理解に導入されると、その研究は急速に発展した。彼らは、光化学の最初の過程で 1 個の分子は 1 個の光量子の吸収によって活性化されるという '光量子活性化の原理' を提唱した。しかし、活性化された分子が全て反応するわけではなく、分子によってかなり異なる。そこで、光化学反応の量子収率 (Φ)、すなわち吸収した光量子数 1 個当たりの反応分子あるいは生成分子の数の割合という概念が生まれた。一般の反応では Φ は 1 より小さいが、HI の光分解は連鎖反応で起こり

$$HI + h\nu \;\rightarrow\; H + I$$

$$H + HI \ \rightarrow \ H_2 + I$$
$$I + I \ \rightarrow \ I_2$$

1光子の吸収で2分子が生成するので Φ は2となる。また、H_2 と Cl_2 から HCl を生じる反応はさらに有効な連鎖反応で、量子収率 Φ は $10^4 \sim 10^5$ にもなる。

d) 界面での化学反応

　液体中に浮遊するコロイドや異なる物質の間の界面では、均一な液体中とは違って特徴のある化学反応が起こる。コロイドは 1 ～ 100 nm* の粒子の大きさの物質が分散している微粒子の総称で、1861 年にグレアムによって 'のり状' という意味で導入された。最初は金属の微粒子や硫化物などの無機物のコロイドが中心であったが、生物化学が発展するにつれて、タンパク質分子のような巨大分子にも興味が持たれるようになった。当時、タンパク質はコロイド粒子の集合した巨大粒子という考えが強かったが、その実体を明らかにするためには、まず粒子の大きさや重さを正確に決定することが必要であった。これらは、光散乱、沈降、粘度、浸透圧、氷点降下、沸点上昇などのさまざまな手法を使って測定され、科学技術の進歩にともない分子量の値の精度も高まった。コロイド粒子が光を散乱するのは 'ティンダル現象'（図8-4）としてよく知られていたが、ジグモンディーはこれを応用してコロイド粒子を顕微鏡下で観察しようと試み、限外顕微鏡という観測装置を開発した。これによって、通常の顕微鏡では観測されないような微粒子でも散乱光として観測されるようになり、コロイド粒子のブラウン運動や沈降平衡が詳しく研究された。沈降平衡は最初、通常の重力下での研究に限られていたが、スウェーデンのスヴェドヴェリが通常の 10^5 倍の重力場での超遠心力沈降法を開発し、タンパク質などの高分子の分子量決定がはるかに容易になった。

　表面や界面の定量的な研究は、19 世紀の終わり頃から始まったが、この

---

* **ナノメートル nm**　1×10^{-9} m $= 1$ nm を 1 ナノメートルという。C–H 結合長は 0.1 nm、C–C 結合長は 0.15 nm くらいなので、通常の分子の大きさはおよそ 1 nm だと思えばよい。

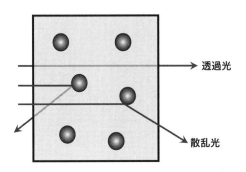

8-4　ティンダル現象

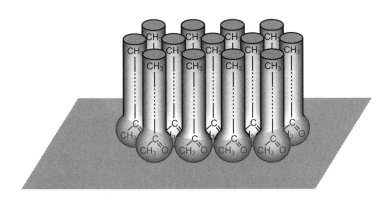

8-5　ステアリン酸の単分子膜

　分野の大きな発展はラングミュアによってもたらされた。1917 年、彼は液
状の膜の示す表面圧を直接測定する表面圧力計を考案し、表面圧と表面積の
間の関係を詳しく調べた。ステアリン酸のような長鎖の脂肪酸で水の上で膜
を作る（図 8-5）と、ある臨界面積以上では表面圧の増加に対して面積があ
まり変化しなくなる‘臨界面積’がある。これを正確に測定すると、臨界面
積は分子が親水性の基を水中に入れ、疎水性の鎖を空気中に立てて並んで作
る単分子膜の面積に対応していた。また、表面が 2 次元の気体のような振る
舞いを示す物質もあり、物質の界面の研究は多くの化学者の興味を引くよう

になった。1935年にラングミュアとブロジェットは、水面上の単分子膜を
ガラスなどの基盤に移し取って単分子累積膜（ラングミュア・ブロジェット
膜：LB膜）を作成することに成功した。これは、自己組織化膜といって自
ら特殊な微細構造を形成し、特殊な機能を発現するので、圧力センサー、光
記憶材料、人工光合成、高密度メモリーなどに広く応用されている。

　固体表面への気体の吸着に関する研究も、ラングミュアによって始められ
た。1916年に彼は、吸着には分子が表面にファン・デル・ワールス力で吸
着する'物理吸着'と、化学結合を作って吸着する'化学吸着'の2種類があ
ることを提案した。そして、気体の圧力と表面に吸着された気体の量との間
の関係を表す'ラングミュアの吸着等温式'を提出した。この式は、固体表
面には一定数の吸着点があり、この吸着点には1分子が吸着し、異なった点
に吸着した分子間には相互作用はないとするモデルで導き出された。ラング
ミュアの理論は固体表面の吸着についての本質的な理解をするために、ぜひ
学ぶべきものであろう。

COLUMN 9　ラングミュアと表面・界面化学の発展

　ラングミュアは固体および液体表面の現代的な研究の先駆者として、1932年のノー
ベル化学賞を受賞した。受賞理由は「表面化学における卓越した発見と発明」であっ
たが、彼はそれ以外の分野でも多くの業績を残した。

　彼は裕福な保険業者の3男として1881年にニューヨークのブルックリンで生まれ、
初等教育をニューヨークとパリの様々な学校で受けた後、フィラデルフィアの私立エ
リート高校で学び、コロンビア大学の鉱山学部で金属工学を専攻した。その後ドイツ
のゲッチンゲン大学に留学し、ネルンストに師事して1906年に物理化学でPh.D.を
取得した。研究テーマは「熱いフィラメント上での気体の解離」に関するもので、後
年の研究の基礎となるものであった。アメリカに帰国して3年間スティーブンス工
科大学で教職に就いたが、1909年にジェネラル・エレクトリック（GE）社の研究所
に入って研究を始め、以後所長Whitneyのサポートのもとで多くの成果を上げ、高
い評価を得て最後は研究所の副所長を務めた。

　彼の研究分野は化学、物理、工学の広い分野にわたり、基礎から応用、開発研究、
発明と驚くほど広い。GEの研究所では、最初は白熱電球の改良を目指して、その劣

化の原因の究明からスタートしたが、そこから固体および液体表面の基礎的研究に進んで、この分野での記念碑的な論文を発表した。彼はラングミュアの水槽（trough）と呼ばれた液体の表面張力測定の装置を開発して、液体表面の表面張力を詳細に研究する道を拓いた。ノーベル賞を受賞の後 Blodgett と共同で、液体表面の単分子膜をガラス表面に移して Langmuir-Brodgett 膜（LB 膜）と呼ばれる多層膜を作る技術を開発した。LB 膜は、その特殊な機能性から分子エレクトロニクスなどナノサイエンス、ナノテクノロジーの分野での先端技術として今でも注目されている。

　ノーベル賞の対象となった業績は彼の多彩な業績の一部にしか過ぎない。初期の研究の成果から生まれたガス入りの白熱電球は、電力消費の節約に大きく貢献して、会社にも莫大な利益をもたらした。彼は無線工学にも興味をもち、真空管の開発でも大きな貢献をした。また、化学結合論や反応の電子論に関してもルイスの理論を発展させて 8 偶説を提案し、Lewis-Langmuir 理論と呼ばれて量子力学に基づく化学結合論が出現するまで人気を博した。晩年にはヨウ化銀と固体炭酸を用いた人工雨の研究でも知られた。

　彼は応用研究からスタートして基礎研究でも大きな業績を残したが、これは科学研究が基礎から始まって応用に発展するという通常の考え方とは異なり、彼の基礎研究と応用研究が相互に影響し合うダイナミックでサイクリックな関係を持って発展したとされ、現代における科学研究のひとつのモデルとしても注目された。アメリカの企業の研究者として初めてノーベル賞受賞者となったが、その後アメリカの民間の研究所から多くのノーベル賞受賞者が生まれた。

e) 核反応と放射能

　1896 年にベクレルによって偶然発見されたウラン（U）の放射能が何なのかは、その後のキュリー夫妻とラザフォードの研究によって理解が深まった。1897 年にウラン塩の放射線を学位論文のテーマとして研究を始めたマリー・キュリーは、たくさんの鉱物試料の放射能を調べていたが、ある時ピッチブレンド鉱石がウラン塩よりも強い放射能を示すことを発見した。彼女はこの鉱石に放射性の未知の元素があると考え、困難な作業を積み重ねた。そしてついに硫黄の濃縮物の中に放射性の高い新元素を見つけ、これを祖国ポーランドの名前に因んで‘ポロニウム（Po）’と名付けた。また、さらに多くの物質の分離・分析作業を行ってウランの 900 倍以上の放射性を示す新元素を発見し、これを‘ラジウム（Ra）’と名付けた。繰り返しの分離作業を続け、1902 年の夏までに数トンのピッチブレンドから 0.1 グラムのラジウムの塩化物を得ることに成功した。

　研究が進むにつれて、放射能は 1 種類ではないことが明らかになった。1898 年にラザフォードは、放射能には容易に吸収される α 線と、透過力の強い放射線で β 線の 2 種類があることを見出した。まもなく、β 線は磁場によって曲がることが示され、これが電子線であることが判明した。ラザフォードはラジウムの試料から出てくる α 粒子のスペクトルを観測し、すでに太陽光のスペクトル中で確認されたヘリウムと同じスペクトル線であることを確認した。これから、α 線はヘリウムイオンの粒子線であることが明らかとなった。さらに、3 番目の放射線は X 線と同様に強い透過力を持っており、波長の非常に短い電磁波であることが明らかになった。これが γ 線である。

　20 世紀に至るまで、近代化学は「元素は不変である」という基本原理に基づいていたが、ラザフォードとソディーは放射性トリウム（Th）の詳しい研究から、元素が次々と変換していることを発見した。彼は、「放射能の原因と性質」という論文でこう書いている。—「**放射能という現象は、実際には一つの化学元素から他の化学元素への変換過程であり、電荷を帯びた α 粒子や β 粒子の放出によって引き起こされる**」—。このような放射性の元素の変換の系列がウラン、トリウム、アクチニウム（Ac）についても検証され、長く信じられてきた元素不変の考えは正しくないことが明らかになったが、

COLUMN **10**　　　マリー・キュリーの栄光と悲劇

　マリー・キュリーはポーランドのワルシャワで、教育者の両親の5人兄弟の末っ子として生まれた。優秀な成績でギムナジウムを卒業したが、当時ロシアの支配下にあったポーランドで女性が大学に進学できる望みはなく、家庭教師をしながら勉学に励んだ。24歳の時にソルボンヌで学ぶために、医学の勉強をしていた姉を頼ってパリにやってきた。貧窮に耐えながらソルボンヌで勉学に励んだ彼女は、数学と物理学で抜群の成績を修めた。そしてピエール・キュリーと出会い結婚した。ピエールは内気な夢想家の理想主義者で世間的な出世には興味を持たない薄給の市立物理・化学校の教師であったが、すでに磁性の研究で優れた業績を上げていた物理学者であった。マリーはいつかポーランドに帰ると心に決めていたので、ピエールの求婚にすぐに応えられなかったが、彼の真情にほだされて求婚を受け入れた。マリーは学位論文のテーマとして放射線の研究を選び、ピエールと兄ジャック・キュリーによって開発されたピエゾ効果に基づく水晶電量計で、放射線による空気のイオン化を測定して放射線を調べた。ピエールも磁性の研究を中断して、マリーの研究に協力した。彼女は沢山の鉱物の試料を調べ、ウラン以外にも放射線を出す鉱物があるかどうかを検討することから始めた。

　酸化トリウムと約80%が酸化ウランのピッチブレンド鉱石は、ウラン塩よりはるかに強いイオン化力を示すことを知った。彼女は放射能という語を導入して放射の強さを表した。ピッチブレンドの示す強い放射能の原因が、この鉱石に含まれる未知の元素の存在にあると考えた彼女は、夫の協力を得て未知の元素の分離の作業に取り組んだ。それは退屈で忍耐を要する作業であった。ピッチブレンドの鉱石をすりつぶして酸に溶かし、定性分析で用いられるスキームに似た手順で放射性の成分を分離し、各ステップで放射性物質の存在を電量計で確かめて進んだ。長い退屈な作業の後に硫黄の濃縮物の中に放射能の高い物質の存在を見つけ、1898年の7月に彼女の母国ポーランドに因んでポロニウムと名付けて発表した。

　別のアルカリ土類の沈殿成分も強い放射能を示した。塩化バリウムを用いて最も難溶性の部分を分離すると、それはウランの60倍の放射能を示した。さらにウランの900倍の放射能を示すまで分離を進め、発光スペクトルで確認して、1898年の12月に新元素ラジウムの発見を報告した。ラジウムはこの新元素の塩が暗闇で光るのでラテン語のradius（光線）に因んで名づけられた。しかし、化学者としての仕事はこれで終わらない。新元素ならばそれを純粋に取り出して原子量を決めることが必要で、マリーはそれに挑んだ。それは困難で過酷な肉体労働と忍耐を必要とする作業であった。1902年の7月までには数トンの鉱石から0.1gのラジウムの塩化物を得た。

　キュリー夫妻は放射能を最初に発見したベクレルと共に1903年に「ノーベル物理

学賞」を受賞した。夫妻は一躍有名人になり、1904年にピエールはソルボンヌに設けられた新しい教授職に迎えられ、それにはマリーの実験室も付属していた。長年の苦労が実って、輝かしい将来が開かれたと思われた。しかし、1906年の春に悲劇が起こった。ピエールは道を横切ろうとして滑って転倒し、馬車に轢かれて亡くなったのである。それでもマリーは絶望から立ち直り、その後も放射性物質の研究に勤しみ、1911年に「ラジウムとポロニウムの発見とラジウムの性質およびその化合物の研究」でノーベル化学賞を受賞した。女性であり外国人であったマリーはさまざまな差別や偏見とも戦わねばならなかったが、女性として最初のノーベル賞受賞者となり、その後の多くの女性科学者を生み出す大きな力となった。

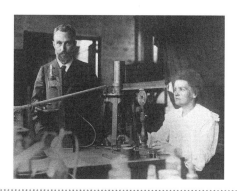

これは我々の物質観に大きな変更をもたらした大発見であった。

放射能の減衰は指数関数的であることも分かった。すなわち最初の放射能の強さを I_0 とすれば、t 時間後の放射能の強さ I_t は

$$I_t = I_0 e^{-\frac{t}{\tau}}$$

で与えられる。τ は寿命で、どれくらいの時間で放射能が減少していくかを表す。指数関数はある一定時間ごとに同じ割合で小さくなる関数で、放射能の強さは寿命の時間が経つごとに、2.7分の1（$1/e$）に減っていく。放射能の強さが1/2になる時間、'半減期（$t_{1/2}$）'は、$t_{1/2} = (\ln^* 2)\,\tau = 0.69\,\tau$ で与え

---

* **自然対数 ln**　ネイピア数 $e = 2.718$ を底とした対数を自然対数という。

られる。半減期は非常に短いものから途方もなく長いものまでさまざまであることもわかった。原子力発電所の事故で生じた ^{137}Cs の半減期はおよそ 30 年であるが、60 年経ったら放射能がなくなるということではなく、元の 4 分の 1 に減るだけである。放射能が無くなることは永遠にないが、200 年経つと 100 分の 1 以下になるので、基準値を下回るくらいにはなることが予想される。

　1911 年にソディーは、元素は α 粒子を放出すると周期表で 2 つ左側の元素になり、ラッセルは β 粒子の放出で周期表の 1 つ右側の元素になることを見出した。このことは同じ元素でも質量の異なるものが存在することを意味していた。ソディーは周期表の同じ場所を占めるが異なった質量をもつ放射性の元素をアイソトープ（同位体）と名付けた。彼は最初の概念を放射性の元素に限定して用いたが、すぐに同位体は放射性の元素に限られるものではなく、全ての元素に適用されることが明らかになった。ラムゼーが決定したネオンの原子量は 20.2 であったが、トムソンはネオンには二つの同位体があるのではないかと考えた。トムソンの助手のアストンは、質量分析計を開発してネオンの陽イオンの質量分析を行い、ネオンの 90% は原子量が 20 で、10% が原子量 22 であることが判明した。20.2 というネオンの原子量は、2 種の同位体の原子量の加重平均であった。これで放射性でない安定な原子にも同位体があることが確認され、さらにアストンは硫黄で 3 種類（32、33、34）、塩素で 2 種類（35、37）、ケイ素で 3 種類（28、29、30）の同位体を発見した。アストンは、これらの同位体の研究から「全ての同位体の原子量は酸素の原子量の 1/16 を 1 とすれば整数に近い」という‘整数の法則’を導いた。これは何を意味するのであろうか。同位体についてのこの疑問に答えるには、原子の質量を決める原子核についての知識が必要であった。そして、1932 年にチャドウィックが中性子を発見し、**原子核が陽子と中性子で成り立っている**ことが明らかになった。陽子と中性子の数は次の規則で与えられる。

陽子の数 = 原子番号（Z）

中性子の数 = 原子量 − 原子番号（Z）

　安定な同位体の中でも特に重要なものは原子量が2の水素の同位体、重水素（D：deuterium）であった。1931年、ユーリーは液化した水素を蒸発させて濃縮し、重水素を単離することに成功した。重水素の発見は、同位体を用いる新しい研究分野を生んだ。重水素でラベルした分子はそうでない分子から区別されるので、化学反応の機構の研究で極めて有用であり、また核の変換反応の研究でも重水素イオンは重要な役割を果たした。

　その後、放射性元素についても多くの質量同位体が発見され、同位体によって半減期が大きく異なることがわかった。連鎖で核反応が起こるのは天然物質ではウランだけであるが、ウランにもいくつか質量同位体があって、核分裂連鎖反応が起こるのは天然に0.71%含まれている質量が235のウラン（^{235}U）だけである（燃えるウランとよばれている）。その半減期は7億年と長く、そのままでは核反応の確率は非常に小さいが、これに中性子を当てると反応が促進され、臨界を超えて連鎖反応を起こす。これが原子炉である。ウランの核分裂では、ヨウ素（^{131}I）、セシウム（^{137}Cs）などが生成するが、その半減期はそれぞれ8日、30年である。

　1919年にラザフォードはシリンダーの中にラジウム線源を入れ、一方の端をα線を遮蔽する金属箔で覆い、中に種々の気体を入れてα線照射の影響を調べ、α粒子と窒素原子との衝突で、窒素原子が崩壊して酸素原子と陽子が生成することを発見した。1920年代にラザフォードらは種々の元素へのα線照射の影響を調べ、周期表に並んでいるホウ素からカリウムまでの元素のうち、炭素と酸素とベリリウム以外の元素はα線照射で陽子を生じることを発見した。1925年にブラケットは、次の核反応が起こっている証拠をつかんだ。

$$^{4}He + {}^{14}N \rightarrow {}^{17}O + {}^{1}H$$

　1932年にコッククロフトとウォルトンは、陽子を高電圧で加速して酸化リチウムのターゲットにぶつけてα粒子が放出されるのを見出し、リチウムからヘリウムへの変換が起こっていることを明らかにした。

$$^{1}H + {}^{7}Li \rightarrow {}^{4}He + {}^{4}He$$

　この頃から、加速器を用いて高エネルギーの陽子を原子にぶつけ、核反応によってできる新たな原子を観測する実験が急速に進み始めた。カリフォルニア大学のローレンスらは、陽子をリング状の真空槽の中で回転させて加速するサイクロトロンを開発し、さまざまな元素を変換することに成功した。1930年には中性子が発見されたが、中性子は電荷を持たないので核の電荷に反発されずに原子核の内部に入るのに有利であると考えられたので、すぐに核反応の研究に利用された。

　1934年にフレデリックとイレーヌ・ジョリオ＝キュリーは、アルミニウムにα線を照射して生じる放射線を研究している際に、α線の照射で新しい放射性物質が生じることを見出し、これは次の機構で起こっていると考えた。

$$4He + {}^{27}Al \rightarrow {}^{30}P + {}^{1}n \text{ *}$$
$$^{30}P \rightarrow {}^{30}Si + {}^{0}e$$

　この結果は、アルミニウムへの照射で放射性のリンが生じたことを示していた。つまり、アルミニウムが人工的に放射性のリンに変換され、人工放射能が発見されたことになる。これを契機に人工放射能の研究が進み、多数の新しい放射性核種が作られた。そのなかでも、^{14}Cは後に化学反応を追跡するトレーサーとして使われ、生化学に大きなインパクトを与えると同時に、考古学における年代測定でも有用な手段となった。中性子が発見されると多くの科学者が中性子照射実験に取り組んだが、ウランの中性子照射で得られる結果に関しては、多少混乱もしていた。1939年にベルリンのハーンとシュトラスマンは中性子の照射でウランが分裂したことを示唆する実験結果を得たが、それは当時の核物理の常識に反することであった。ハーンの共同研究者で当時亡命中であったマイトナーは、ハーンの実験結果を聞きそれが核分

＊ **中性子と電子**　中性子（neutron）は質量が陽子とほぼ同じで質量数は1であり、^{1}nと表す。電子（electron）はそれに比べると質量がはるかに小さいので、ここでは^{0}eと表してある。

裂によるものであると考えて理論を構築し、甥の物理学者のフリッシュと共にそれを発表した。こうして、中性子照射によってウランが分裂し、莫大なエネルギーが放出されることが実験的にも確認された。

　ウランの中性子照射で核分裂が起こると、同時に半減期 2.3 日の放射能をもつ新しい元素が生成しているのが発見され、ネプツニウム（Np）と名付けられた。シーボーグのグループはウランを重水素で照射して ^{238}Np を発見したが、これは β 崩壊して原子番号 94 の新元素となることも明らかとなり、この元素はプルトニウム（Pu）と名付けられた。その後もサイクロトロンの実験によって、ウランを超える一連の超ウラン元素が次々と発見されていった。

COLUMN **11**　　　　　　　　　ラザフォードと放射能の研究

　ラザフォードはファラデー以来、物理と化学の両方の分野で最も偉大な貢献をした実験科学者であろう。1908 年に「元素の崩壊および放射性物質の化学に関する研究」でノーベル化学賞を受賞した。物理学者としては原子核物理を先導して多くの優れた物理学者を育て、「原子核物理の父」と呼ばれた。

　ラザフォードはニュージーランドのブライトウォーターで移民の農民の子として生まれたが、奨学金を得てネルソン・カレッジを経て、ニュージーランドのカンタベリー大学に進学、数学と物理学で優秀な成績を修めて、電磁気の研究を始めた。1894 年に奨学金でケンブリッジ大学に留学する機会を得て、キャベンディッシュ研究所で、電子を発見した J. J. トムソンの研究生となった。電磁波の検出や気体の電気伝導に及ぼす X 線の効果などの研究で成果をあげた後、放射能の研究に転じ、1898 年にウランの放射能には少なくとも α 線と β 線の 2 種類あることを発見した。同じ年に彼はカナダ、モントリオールのマギル大学の教授となり、そこで放射能に関する研究を活発に始めた。

　α 線は最初、磁石で曲がらないと考えられていたが、1903 年に彼は強力な磁場と電場で α 線が曲がることを観測し、α 線も荷電粒子線であることを示した。そして α 粒子は正に帯電し、その質量 / 電荷の値が水素イオンの値の約 2 倍であることを知った。彼は 1907 年にイギリスに帰ってマンチェスター大学の教授になったが、そこで

ラジウム（Ra）の試料から放射される α 粒子を集めてそのスペクトルを観測し、それがヘリウムであることを確認した。

　ラザフォードはマギル大学でソディーと共同研究を始めた。彼らはトリウム（Th）の放射能を詳しく研究して、トリウムはトリウム X を生じ、トリウム X はトリウム・エマネーションを生じ、その変換の過程で放射線が放出されることを明らかにした。そしてトリウム・エマネーションは希ガスの一種であることを発見した。これは後にラドン（Rn）と呼ばれるようになった。トリウム X はラジウム（Ra）の 1 種であった。こうしてトリウム（Th）の放射崩壊の系列を明らかにした。

　ラザフォードはラジウムから生じる α 粒子を金箔に衝突させ、その散乱から中心に正の電荷を持った小さな核と周囲の電子から成る原子モデルを提案して原子物理学の発展を先導した。彼は 1919 年に J. J. トムソンの後任としてキャベンディッシュ研究所長に就任し、以後 1937 年に亡くなるまで、キャベンディッシュ研究所は原子核物理学の研究で世界の中心であった。ラザフォードは直接あるいは間接に多くの研究に関わり、若い優秀な研究者を育てた。彼の周辺から、チャドウィック、コッククロフト、ウォルトン、ブラケット、パウエルらのノーベル物理学賞受賞者が輩出した。

　ラザフォードと彼の共同研究者は種々の元素に対する α 線照射の影響を調べていて、多くの元素で陽子が放出されることを見出した。1925 年には、彼らは次のような核反応が起こっていることを見出した。

$$^{4}He + {}^{14}N \rightarrow {}^{17}O + {}^{1}H$$

こうして核反応が実際に起こることが確かめられたが、核反応によって莫大なエネルギーが得られることもわかり、そこから人類は核の時代を迎えることになった。

第 II 部
化学のいま

　第 I 部で概観したように、古代ギリシャから始まって、中世、近代へと引き継がれた化学の研究は、20世紀に入って飛躍的に発展し、いまでは高度な科学技術に支えられた実験と観測、量子論を基盤とした理論体系、そして適切な社会への応用を含めて、ほぼ完成の域に達したようにも思われる。何といっても、コンピューターをはじめとするIT機器の力が大きい。実験の器具や装置もコンピューター制御の工作機械で精密に加工され、実験条件も自動的にディジタル制御されて、データの質と信頼性ははるかに向上した。その結果をうまく説明しようとしてさらに理論研究が発展し、物質の理解ははるかに深いものとなっている。

　21世紀になるとIT機器は当たり前のように使われ、化学の最先端研究のレベルは極めて高いものとなった。第 II 部では、筆者が選んだ注目すべきカテゴリーについて基礎的な考え方と現在の状況を概説するので、現代化学の全体像を掴んでもらいたい。「現段階でできる研究はほとんど済んでしまったので、これから化学で新しいことはなかなか出ないのではないのか」と言われることもあるが、実際に最先端研究に携わっている我々は、まだまだやるべきことが極めて多いと感じている。特に、新しい物質の創成、生体系の解明、地球環境問題など、第 III 部で紹介する社会とのかかわりを考えると、解決しなければならない課題は山積している。これまでの歴史を学び、現状をしっかりと把握することで、こうした課題の解決へ向けた方向性が見えてくるのではないだろうか。

1 現代の化学とはどのようなものなのだろう

　化学に限ったことではないが、科学の各分野の課題について考える上では、自然科学という大枠の中で、それぞれの分野がどのような立ち位置にあり、どのような役割を果たしているのかを俯瞰することが大切である（もちろん社会との関連、人文学や社会科学の課題との関連を知ることも忘れてはならないが、それについては第Ⅲ部で考える）。現在の化学を考えると、ひとつのテーマに特化した奥深い分野ばかりでなく、他の分野との連携によって幅広く発展した分野もあり、選択したテーマの意義を常に考えておかないと、その多様性に対応できない。

　もうひとつ考えなければならないのが、機械への依存の是非である。自然科学というのは人間がどのように認識、理解するかが目標であって、結果のつじつまを合わせればいいということではない。現在の化学では、コンピューターを中心とするIT機器が重要となり、ともすれば化学への純粋な興味とか、知ることの喜びといった人間らしいところが疎かになりがちである。この傾向はこれからますます強くなっていくと懸念されるが、ここでは人間と機械の関係についても考えながら、現代の化学を眺めてみたい。

a) 自然科学の4分野の中での化学の位置

　中学校、高等学校の理科教育は、物理、化学、生物、地学の4分野に分かれていて、それぞれの主要テーマを学年ごとに深めて学んでいくシステムになっている。大学の理系学部の専攻も、およそこのカテゴリーで分類されている。

　物理学は、自然界で観測される現象を数学をベースに理解する、文字通り「もののことわり」を探究する分野である。力やエネルギー、物体の運動を理解する力学、電子機器の基盤となっている電磁気学、原子や分子を解明する量子力学、素粒子論、物性学など多くの重要な体系がある。ごく最近でも、ニュートリノ、ブラックホール、重力波などの魅力あるテーマが注目されて

おり、これらの分野では最新技術の進歩とともに今後ますます時代の最先端を行く研究が進んでいくであろう。

　化学でもこれに類似したテーマがあるが、物質を強く意識した部分が大きい。量子力学が発展したことによって、物質を構成する分子の構造と性質を明らかにすることができ、それによって望みの性質を備えた新規物質を設計し、創成していく研究が大きな柱となっている。化学一般で考えると、気体、液体、固体の物質の三態でそれぞれに固有の特性を実験で観測し、これを理解していくのが常道手段であるが、最近ではコンピューターで分子の構造を推定し、分子間の相互作用を取り込んでいって実験結果と比較するなどの新しい手法が確立されつつある。

　生物学はとても多様的になり、特に分子レベルで生体機能を解明していこうといういわゆる'ミクロ'の生物学が広がっている。生命を支えている機能としては、呼吸、消化、代謝、たん白質合成など、化学反応がベースになっているものが多いが、最新の観測、分析技術を駆使した研究が進み、生体系の詳細が明らかになりつつある。特にX線結晶構造解析による酵素やたん白質の分子構造の決定は多大な貢献をしている。生命を完全に理解するのにはまだまだ時間がかかるが、着実に研究成果が積み上げられていて、自然科学の中で生物学の果たす役割はこれからますます大きくなるであろう。

　現代社会で深刻な問題となっている環境問題、自然災害などを解決していくうえで不可欠なのが地学である。基本的には地球や宇宙での観測を基礎とし、数学や物理学を適用してその結果を理解するのが地学のスタンスだと言えるだろう。そういう意味では応用科学の色合いが濃いところもあるが、地球上の物質とその変化、空気や水といった物質の循環、地殻とその変動など、基礎的なことは誰もが知っておくべきことである。しかしながら、現在は高等学校で地学を選択する生徒の数は少なく、その重要性をもう一度認識してもらえるような方策も考えなければならない。人間は地球上に生きているのだから、地学はやはり大事である。

　大学での理系の学部でも、専攻はこの4分野のいずれかに分類されるところが多い。そこで自分が最も興味を持っている分野を中心に専攻を選ぶのであるが、急速に広がっているのが、2つの分野に跨っている、いわゆる境界

領域とよばれる研究分野である。たとえば、物理化学、生物物理、生物化学、地球物理などの名前の付いた研究室では、異なる分野の知識と技術を併用して有用な研究成果を出し、社会のニーズに応えている。

　さてそこで、化学はどのような役割を果たしているのかと考えると、どの分野においてもその基盤となっているということは言えるだろう。自然科学の研究のほとんどが物質を取り扱っているから、その基本である化学が基盤になるのは当然のことなのかもしれない。物理化学を例にとると、まずは統計論と量子論を学んで基礎を身につけ、それを適切に使って実験結果を考察すると、分子自体の性質や分子どうしの相互作用を深く理解できる。気体の状態変化や反応の正確なデータを蓄積して一般的な解釈ができれば、大気汚染や地球環境の変化の原因を突き止めることができる。物質の微細構造を知るための磁気共鳴法を開発したら、高分解能 NMR になって遺伝子の解読などの生物学の研究を発展させ、MRI が開発されて最先端医療に応用される。化学で何かを解明したり手法を開発したりすることが、必ずほかの分野での大きな成果につながっている。

b) 現実の「もの」と理論上の「物質」

　コンピューターシミュレーションとよばれる手法があらゆる分野で使われるようになった。化学でも、物質の状態変化や化学反応がどのようにして起こるのか予測するのに大いに役に立っている。近年の IT 機器の飛躍的な進歩によって、膨大な量のデータ通信や、大規模で複雑な計算が短時間にできるようになり、手軽に個人レベルで仮想的な世界を創り出すことが可能になった。さらに、深層学習の機能を備えたのが人工知能（AI）であるが、化学の研究や物質のコントロールが半自動的に行われるようになる日も近いのかもしれない。AI を活用することは、化学ばかりでなく多くの分野で必要なのだが、その利点と欠点、効能とリスクの両方を考えておくのは大事なことである。

　化学過程のシミュレーションの結果を左右するのには 2 つの要因がある。ひとつは分子の構造や性質を正確に記述できているか、もうひとつは状態の変化や化学反応で重要となる分子の間にはたらく相互作用をきちんと表現で

きているかということである。これらの詳細な情報をプログラムに正確にインプットできているかが鍵だと言えるのだが、現状でそれが充分できているだろうか。実はそれらの情報は基礎研究によって得られるものであり、たとえば現代の日本のように、応用化学ばかりが注目されて、基礎化学が蔑ろになっているのも否めない状況では、コンピューターシミュレーションに必要な最も基礎的要素が不確実なものになりかねない。つまり、科学技術が進歩し研究のレベルが上がれば上がるほど、応用研究には精度が求められ、そこでは基礎研究が不可欠となる。基礎研究の成果が化学の発展の推進力になっているという理解が疎かになったことが、昨今、話題になっている日本の競争力低下の大きな要因であることは、本書の中でも指摘しておきたい。

　現代における研究の在り方という点で、もうひとつ気をつけておきたいのが、実際に存在する物質を直に触れながら実験や考察を進めなければならないということである。コンピューター上でばかり物質を扱っていると、現実から離れてしまって、ものの本質を見失ってしまう恐れがある。化学が生まれたのは人間の欲望と知的好奇心によると先に述べたが、そこでは、金属や薬品の分析や化学反応の追跡など、現実の物に触れることから研究が始まっている。化学者は、常に物質と接しながらその中身を明らかにしてきたのである。一方、第Ⅰ部で指摘したように、古代ギリシャの哲学的考察は化学の源は作ったが、その思弁的態度は、後の近世に至るまで逆に化学の発展を少なからず阻害した。近年コンピューターが誰でも簡単に使えるようになると、その中に仮想的な物質を想定し、ブラックボックス的な計算手法でシミュレーション結果を出していることが多い。これは実態から離れた思弁的態度に共通する危険性を孕んでいて、果たしてその結果を鵜呑みにして信じてよいのだろうか、という強い疑問が生じる。化学の一連のプロセスから実態の「もの」が消えかけていることに、不安を覚える。

　さらに、シミュレーションの基盤となる、分子の構造と性質の記述、分子を取り巻く環境とその変化、化学反応の機構などは正確なものなのかというところも検証しなければならない。単体や化合物である化学物質は非常に多様性に富んでおり、これを一般的な法則ですべて理解するのは容易ではない。そこで、とにかく分子についての情報をできる限り数値化し、ビッグデータ

を作り機械学習によって何らかの選択肢を提示する。物理的な意味はわからないけれど、ともかく膨大な数値計算を行って結果を出す。しかし、こうした作業を続けていても物質の本当の理解ができるとは考えにくい。以下に、現在行われている化学研究の概要をいくつかの重要なカテゴリーにまとめて紹介するが、コンピューターと化学、機械と人間の関わりについても考えていただきたい。IT機器をうまく使うことがこれからの化学の研究で大事になるという言説も少なくないが、この問題は、化学を専攻する人もしない人も、それぞれに深く考えるべき事柄である。

2 コンピューターを使った理論化学

　化学研究の基本は、物質の性質を調べたり、その状態変化や反応について実験してみたりということであり、その結果の積み重ねが経験的な知識となって化学は着実に進歩してきた。それと同時に、多くの実験結果を一般的な法則で理解しようとする理論的な研究も進められてきたのだが、20世紀に入って量子論が誕生すると原子や分子の解明が一挙に進み、理論体系が一変した。20世紀後半にはコンピューターが飛躍的に進歩し、分子の構造やエネルギーが大規模計算で正確に決められるようになった。さらに、原子や分子の10^{23}個ほどの集団である実際の物質の性質や挙動も化学統計論を用いて理解できるようになり、理論化学は大いに発展した。21世紀に入った今ではその基礎的な取り扱いはほぼ確立し、主流はいかにして実験結果を正確に再現するかということへと移っている。そこで活躍しているのがやはり高性能のコンピューターとIT機器である。

a) 分子の構造とエネルギーを計算する

　量子論の考えによると、化学結合は原子の波動関数（原子軌道）が重なる

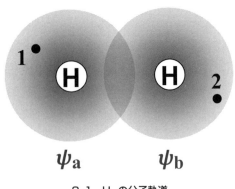

2-1　H_2 の分子軌道

ことによって生じる。最も安定なエネルギーはどんなときに得られるのか。各原子の位置を変えながらエネルギーの最小値を探してやれば、最も安定な分子の構造を理論的に推定できる。その計算には、原子の波動関数を組み合わせて分子の軌道を作り、シュレーディンガー方程式の近似解を求めて、最も安定なエネルギーを取る構造と波動関数を求める方法がよく用いられている。これを'分子軌道法'という。

　化学結合を最初に理論的に取り扱ったのが、ハイトラーとロンドンの理論である（1927年）。そこで重要なのが、水素分子の化学結合を担っている2個の電子を、お互いの交換の効果も含めて考え、最も安定なエネルギー準位とそこでのエネルギーの値（エネルギー固有値*）、そしてそれぞれのエネルギー準位での波動関数（固有関数**）を近似的に求める。図2-1は水素分子の最も安定なエネルギー準位の固有関数を表したものである。ψ_a, ψ_b は2つの水素原子の1s波動関数で、1、2は電子を表している。水素原子の1s軌道は丸い形をしていて、波動関数は正の値を持ち原子核から遠ざかるにつれて値が小さくなる。2つの水素原子が近づくと1s軌道が重なり、中央付近で波が強くなる。**波動関数の大きさの二乗が電子の存在確率*****を表すので、原子核の中間では電子の存在確率が大きくなる。電子は−の電荷をもっているので、その付近でわずかだが電気的に−に偏る。それが＋の電荷を持つ原子核どうしの反発を抑え、安定な化学結合を作る。これに電子どうしの交換による安定化の効果を加えたのが、'ハイトラー−ロンドン法'である。近似的な式にしたがってエネルギー固有値が計算できるが、その結果、スペクトル測定によって実験的に得られた代表的な二原子分子のエネルギー固有値を、よ

---

* **エネルギー固有値**　量子論を用いると、原子や分子の持つ電子のエネルギーは特定の値だけに限られる。この値をエネルギー固有値とよび、そのエネルギーを持つ電子がとる状態をエネルギー準位という。
** **固有関数**　分子のエネルギー準位に対しては、それぞれに特定の波動関数が対応している。これを固有関数といい、一般には原子軌道を適当に組み合わせて表現する（分子軌道）。水素分子のもっとも安定な（エネルギー固有値が小さい）エネルギー準位の固有関数は2つの1s軌道を少しだけ重ねたもので、重なりによって中央付近が相対的に強くなっている。
*** **存在確率**　空間でのある地点に、電子がどれくらいいやすいかを波動関数の2乗の値で示す。第Ⅰ部、6章参照。

く再現することができた。

　しかしながら、原子が3つ以上含まれる多原子分子では電子の数が多くなり、ハイトラー–ロンドン法による計算は精度が悪くなる。そこで今では、分子を構成するすべての原子の軌道を組み合わせた波動関数を作り、適切な近似を導入して各準位のエネルギーの値（エネルギー固有値）を計算する方法が広く用いられている。その代表的なものが‘ハートリー・フォック法’であるが、基本的な考え方としては電子と原子核の波動関数を別々に分けて取り扱う。多くの実験結果はこの仮定が妥当であることを示しており、実際に電子のエネルギーを計算するときに原子核の運動は考えなくてよいので、計算ははるかに簡単になる。まずは、分子構造を特定の形と大きさに固定して電子のエネルギーを計算する。次にその構造を少しずつ変化させてエネルギーの変化をみる。そして最終的に全電子のエネルギーが最小の値を取るときの分子の構造を最も安定なものとする。これが構造最適化（geometry optimization）という操作である。電子の交換の効果を取り込むのには、スレーター行列式を導入し、複数の電子の波動関数を順番の入れ替えをすべて考慮して分子軌道を表現する。この波動関数を使ってシュレーディンガー方程式の近似解を求めると、より正確な分子構造とエネルギー固有値の理論計算値が得られる。

　現在では、経験的なパラメーターを使わない第一原理計算法（ab initio 計算法）のソフトウェアが市販されていて、誰でも簡単に分子のエネルギー固有値と固有関数が計算できるようになっている。図2-2は、構造最適化の操作によって得られたエチルアルコール（C_2H_5OH）の固有関数の計算結果である。左右の袋は波動関数の値が＋（波の山であって電荷の＋ではない）、真ん中は－の波を示している。エチルアルコール分子に含まれるC原子やO原子の結合にはp軌道が含まれるので、波の山と谷の部分ができる。エチルアルコールでは左側のエチル基（C_2H_5-）の部分は電荷の偏りによる極性が小さく、ヘキサンやベンゼンといった有機分子とよくなじむ（親油基）。これに対して、右側の水酸基（–OH）の部分は結合がほぼ直角になっており、極性が高くなって水分子とよくなじむ（親水基）。このように、安定構造が決まると安定なエネルギー準位での固有関数（分子軌道）もわかるので、結

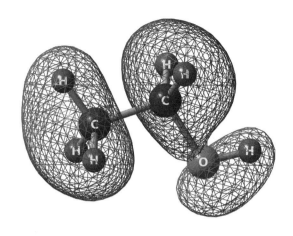

2-2　エチルアルコールの分子軌道

　合の強さや分子の安定性を推定することができる。原子軌道の重なりが大き
い所では結合も強く、エチルアルコールでは、メチル基（CH_3-）、メチレン
基（$-CH_2-$）、水酸基（$-OH$）それぞれの中では構造は比較的がっちりと決まっ
ているが、基の間での波動関数の広がりはない。そのため、長軸の周りに
CH_3- や $-OH$ を回転させたときの結合の強さとエネルギーの変化は小さく、
常温では3つの官能基がくるくる回転していると予想される。つまり、分子
全体としては柔軟で動きやすく、液体中でさまざまな構造をとりやすいこと
が推察される。しかもそれが、温度や組成比、微量の添加物で微妙に変わり、
このようなエチルアルコール分子の持つ柔軟性がアルコール飲料の独特の味
わいを生み出しているのである。
　市販されている高水準のプログラムパッケージには、多くの計算方法や基
底関数* が組み込んであって、分子のサイズや計算の目的に応じて適切な設
定を行うことができる。計算方法としては、最も基本的なハートリー・フォッ
ク法（HF : Hartree-Fock）、高水準の計算ができるメラー・プレセット法（MP :

---

* **基底関数（basis set）**　分子軌道の基になる原子の軌道関数データを基底関数という。

Möller-Presett）などがある。最近では、電子密度の計算を行う密度汎関数法（DFT : Density Functional Theory）も使われていて、実験結果との一致もかなり良くなっており、詳細はそれぞれの解説サイトがあるので参照してもらえばいい。現在では、たん白質などの巨大分子についてもかなり正確な構造計算ができるようになり、未知の分子の構造の予測も可能になっている。これからも、新素材の開発や製薬、医療の分野で、量子化学理論計算の用途はますます広がっていくであろう。

b) 分子シミュレーション──凝縮相についての計算機実験

　実用的によく使われている物質としては液体や固体のものが多いが、その構造や性質を理解しようとすると、分子の間に働く相互作用を明らかにする必要がある。しかしながら、それぞれの分子の間にどのような力が働いているかを厳密に表現するのは実際には難しく、しかも物質を構成している分子の数があまりにも大きいので、その一つ一つがどのような挙動をしているかを追跡するのは事実上不可能である。そこで、分子間相互作用についてはいくつか仮定を導入してこれを近似的に取り扱い、分子の運動についてはコンピューター上でそれぞれを仮想的に動かしてみて、物質全体の挙動を追跡する手法が開発された。これが、'分子シミュレーション'である。

　分子動力学法（MD : Molecular Dynamics）では、個々の分子の運動については古典的なニュートン方程式で解く。分子の構造やエネルギーについては、量子化学理論計算（QM）の結果を用いることが多いが、分子間相互作用のポテンシャルエネルギーを計算するにはいくつか方法がある。比較的小さな分子では正確な ab initio 計算が可能であるのでその結果をそのまま用いるが、分子が大きくなると精度が悪くなるので、近似的な関数表現や、場合によっては実験的に推定されるパラメーターを導入する。こうして仮想的な物質モデルをコンピューターの中に構築し、ポテンシャルエネルギーと運動方程式にしたがってすべての分子を動かしてみる。実際には1万個くらいの分子で計算されることが多いが、時間の経過とともに系全体の分子の分布やエネルギーやエントロピーをコンピューター上で追跡して、実際の物質の挙動をシミュレーションする。長時間にわたる平均は系の集団平均と等しくなる（エ

ルゴード仮説）と考えられるので、このシミュレーションで得られた結果は物質自体の性質だと考えてよいことになる。

　水を例にとって、凝縮相中でのミクロな構造について考えてみよう。水分子は二等辺三角形で、O原子には－の電荷、H原子には＋の電荷が集まりやすいので、分子としては電気的に大きな極性を持つ。そのため、前述したように、分子間の引付合う力が強く、常温でも液体でいられる。ほとんどの三原子分子は常温で気体であり、水は特別である。液体の水を0℃付近でゆっくり冷却すると結晶の氷ができるが、X線回折の実験からその構造が明らかにされていて、O原子の周りにあるH原子は、実際には正四面体配置を取っていることがわかっている。これは主にH原子とO原子間の水素結合によるもので、その配置を取ったときにH-O…Hの結合が最も安定な角度になるからである。その結果、それぞれの水分子は密度が最大になる配置を取ることができず、氷の結晶はすき間の多い構造になっている。氷に熱を加えて液体の水にすると、水素結合の角度が動きやすくなってすき間に水分子が入りやすくなり、氷が解けると密度が高くなる。したがって、氷は水に浮く。液体の温度を高くしていくと、それぞれの分子の運動エネルギーが大きくなり、分子の占める有効的な体積が増加して密度が小さくなる。ところが、水は0℃から4.2℃までは逆に密度が大きくなる。このような特殊な現象もMDシミュレーションである程度説明することができる。しかしながら、巨大分子や複雑な系では運動方程式自体の扱いを完全な形でできなくなる。そこで、分子の運動や衝突による状態変化ではランダム過程を仮定して乱数を用いることもある。この手法はモンテカルロ法（あるいはランダム法）とよばれ、複雑な系の挙動をコンピューター上で再現できる有用な方法となっている。

　このように、極めて複雑な凝縮相の物質の性質を解明するのも、大きな容量のメモリーを搭載し高速演算が可能なコンピューターの開発によって可能となった。1977年にカープラスは、たん白質のような生体高分子の分子シミュレーションに成功し、巨大分子の動きをコンピューターで描き出した（2013年、ノーベル化学賞受賞）。コンピューターに関する科学技術は今後も進歩を続けるだろう。

量子化学理論計算のソフトウェア

　現在の最先端化学の実験結果を解釈するのに、分子の構造とエネルギーを計算する
ソフトウェアは欠かせない。コンピューターが飛躍的に進歩して、多くの分子の計算
がノートパソコンでもできる時代になった。計算方法や基底関数の理解が難しく、ま
たプログラムの設定も複雑なので、ひと昔前は理論化学の専門家でないとなかなか使
いこなせなかったが、いまでは実験化学者でも充分満足すべき結果が得られる。基本
的には分子のシュレーディンガー方程式の近似解を数値計算するのだが、具体的な計
算手法を選択する必要がある。ここで紹介したハートレー・フォック法（HF）や密
度汎関数法（DFT）などを状況に応じて選択する。もうひとつは基底関数の選択であ

市販ソフトウェア Gaussian で計算したノンヘム鉄酵素の分子構造
（コンフレックス社提供）

るが、これは実際に計算で用いる波動関数の表現方法である。もちろん多くの解析的関数を取り入れ、高いレベルの計算を行いたいのだが、計算時間と必要メモリー量が急激に増加するので、これもいくつかの選択肢の中から最適なものを選んで設定する。

　構造最適化といって、分子の中の各原子の位置を少しずつ動かしながらエネルギーを計算し、それが最小値を取るところを探し出す。そのときの構造とエネルギーが安定な分子のものであると考えられ、実験値と比較して値が正確かどうかを注意深く検証する必要がある。もちろん、計算手法や基底関数の選択で、計算値はそれぞれ異なってくる。それでもおおまかな分子の描像は掴めるので、特に複雑な構造を持つ医薬品やたん白質などの生体分子の安定構造を推定するのは極めて有効である。実験と理論計算の両方をこなすことは、これからの化学者には大事な要素であるし、化学者でなくともコンピューターの力が化学の研究を支えていることは認識しておく必要はあるのかもしれない。

3 化学の研究は観測から

　自然現象を解明しようとすると、何らかの科学的手段で観測をしなければ
ならない。化学において重要な観測は物質の状態や変化、温度やエネルギー
についてであるが、現在ではほとんどの場合レーザー光などの電磁波を照射
し、分子の応答を高速で観測するという手法が使われている。時間領域とし
ては、ピコ秒（10^{-12}秒）、フェムト秒（10^{-15}秒）という極めて短い時間に起
こる化学反応の追跡から、自然の中で 10 年、100 年とゆっくり時間をかけ
て進む変化まで、実験室では最新科学機器で、地球や宇宙については大型観
測設備を活用して、今この瞬間にも新しい観測データが世界中で記録され続
けている。

a) 回折法──物質の構造とその変化を探る

　回折とは、電磁波が物質と相互作用することにより進行方向がある特定の
角度で変化する現象である。電磁波は細いスリットを通過するとほぼ円周状
で広がり、レーザーなどの位相のそろった波では干渉縞が観測される（図
3-1）。X 線や光の回折だけでなく、電子や中性子などの粒子線も回折するこ
とが知られている。これは、粒子も波長 $\lambda = h/mv$ で与えられる波（ド・ブ
ロイ波*）の性質をもつと考えられているためで、電磁波である X 線回折ば
かりでなく、電子線回折や中性子回折も分子の構造解析に大いに役立てられ
ている。

　X 線回折の基本については第 I 部で述べたが、20 世紀の後半になると、
コンピューターの急速な進歩に支えられて解析技術が進歩し、無機化合物、
有機分子だけでなく、タンパク質などの複雑な分子についても構造解析がで
きるようになった。有機分子の多くは、特殊な条件で凝固させると分子が規

---

* **ド・ブロイ波**　ド・ブロイは、電子や陽子、中性子などの粒子は波動性も併せ持つと考え、
波の性質である波長と、粒子の性質である運動量（質量と速度の積）間の関係式を導いた。
比例係数 h は、プランク定数とよばれている定数である。

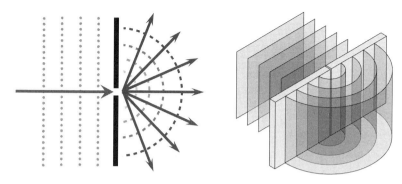

3-1　スリットによる平面電磁波の回折

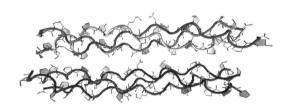

3-2　コラーゲンの分子構造

　則正しく配列して分子性結晶になる。近年、**たん白質のような巨大な生体分子でも結晶化が可能となり、X線回折によってその構造が明らかにされている**。図3-2はX線結晶構造解析で決定されたコラーゲンの分子構造である。鎖のように連なった炭化水素が絡まり合って細長い繊維状の分子を形成しているが、骨格の部分はジグザグになってすき間もある。長く延びた分子の中には親水基も含まれていて、人間の皮膚での保湿、柔軟性の保持機能において重要な役割を果たしているコラーゲンの柔軟性や保湿性が、この独特な分子構造によることが容易に理解される。

　ヒトのヘモグロビンは血液の中でO_2との結合・解離を繰り返し、各組織への酸素の輸送機能を担っている。X線構造の解析の結果、全体としては非常に複雑な立体構造を取っていることが示されたが、よく見ると4つの特徴的な部分構造があって、それらが互いに絶妙に関わりながら酸素輸送の機能

3-3　ヘモグロビンの構造

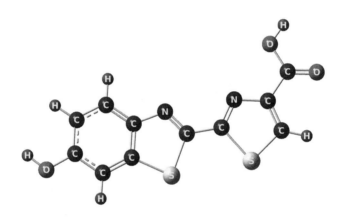

3-4　ルシフェリンの分子構造

を果たしていることがわかった。

　ホタルの発光を司っているのはルシフェラーゼという酵素であるが、X線回折で明らかにされたその立体構造は非常に複雑で、発光のメカニズムと分子構造の関係はまだほとんど解明されていない。しかし、鍵となる分子がルシフェリンであることはわかっており、この分子の末端にある酸素と結びつきやすい基が、O_2 と連動して代謝過程を調節し、呼吸と同期してホタルの光を制御していると推測されている。このように、**X線回折による分子の構**

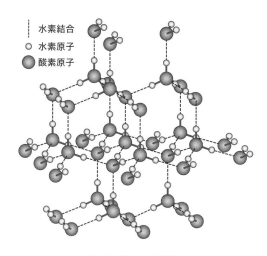

凡例:
・・・ 水素結合
○ 水素原子
● 酸素原子

3-5 氷の結晶構造

造解析は生体機能を分子レベルで解明していく研究分野を拓いた。

　電磁波であるX線の散乱は原子の中の電子によるので、電子を一個しか持たない水素原子によるX線散乱は強度は小さく、X線回折で水素原子の位置を正確に決めるのは容易でない。しかも、熱振動の影響でH原子の位置は結晶中でもある程度任意性があるので、X線回折だけでは、たとえば氷の結晶構造を正確に決めることができない。一方、粒子である中性子線は原子核による散乱なので、電子の少ない軽原子、とくに水素の位置の決定には有用である。図3-5は、中性子回折像を解析して得られる氷の結晶構造で、水分子の位置と方向が正確に決められている。O原子の周りのH原子は四面体配置を取っており、そのうち2つはH_2O分子のO–H結合の方向、残りの2つは他のH_2O分子との水素結合の方向になっている。これを基本構造として、氷全体にわたって水素原子の3次元ネットワークが形成されている。実際には氷の結晶構造は一通りではなく、温度やその他の条件で異なる構造に変化することがわかっている。これを構造相転移というが、そのときの中性子線や電子線回折の変化を観測することによって、細かい内部構造の変化も正確に追跡することができる。

COLUMN **2**

光はどっちを通過したのか？

　光は直進するのだが、小さな穴か細長いスリットを通過すると、回折によってその地点から新たに光が発せられたかのように円周状に広がって進む。さらに、二重スリットといって2つのスリットを短い距離で並べて光を通過させ、離れたところにスクリーンを置いて観測すると光の干渉縞が観測される。この現象はよく"最も美しい実験"のひとつに挙げられるのだが、さて、それぞれの干渉縞に届いている光はいったいどっちのスリットを通ってきたのだろうか。量子論では「光は波であるが粒子でもある」と考えられているし、同じ干渉縞は電子線でも観測されるので、どちらかのスリットを通ってきたはずである。それでは、片方のスリットを閉じてみるとどうなるであろうか。答えは、2つのスリットで観測される干渉縞は無くなって、1つのスリットで観測される回折パターンが見られるだけである。これを理解するのに、確率の概念が導入された。運動している粒子には波の性質（具体的な大きさは波動関数で表される）を持っていて、その2乗の値が粒子の存在確率を表すと考えるのである。そうすると2つのスリットでの波動関数は等しいので、粒子は両方のスリットを等確率で通過してきたことになる。片方のスリットを閉じたときには粒子の通過経路を限定しその結果を観測したことになるが、この**観測という行為自体が本来の粒子の状態を変えてしまうので、事実を知ることができない。これは'不確定性原理'とよばれていて、量子論の基本的な考え方のひとつになっている。**結論をいうと、光がどっちのスリットを通過してきたかは決めることができない。

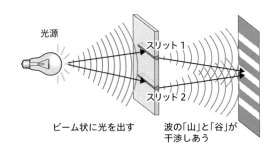

光源

スリット1

スリット2

ビーム状に光を出す

波の「山」と「谷」が
干渉しあう

二重スリットの実験

b) 分子分光 ── 光を使って物質を解き明かす

　分子には、電子、振動、回転、電子スピン、核スピンのエネルギー準位が
あって、それぞれに対応する電磁波の波長領域が異なる。分光測定の手法や
装置は電磁波の波長によってさまざまであり、それぞれに最適の手法が確立
されていて、分子による吸収、発光などを観測する。一般的には、光の波長
を横軸に取り、原子・分子の光吸収および光放出（発光）の強度を縦軸に取っ
てグラフにしてデータとする。これらをそれぞれ'吸収スペクトル'および'発
光スペクトル'という。

　図3-6は、電磁波の種類とそれぞれの波長を示したものである。電磁波の
うち、人間の目に見える波長領域のものを可視光（VIS：400 - 700 nm）とい
う。よく言われる'光'とは可視光のことであり、虹の七色（波長の短い順に、
紫藍青緑黄橙赤）で構成されている。紫色の光より波長の短い電磁波は紫外
光（UV：200 nm - 400 nm）、赤色の光より波長の長い電磁波は赤外光（UV：
700 nm - 100 μm）とよばれている。電磁波の進む速度（c）は波長によらず
常に一定（3×10^8 m/sec）であり、波長（λ）は1つの波の長さなので、それ
に周波数（v）を掛けると速さになる。したがって、波長は周波数に逆比例し、
これを式で表すと次のようになる。

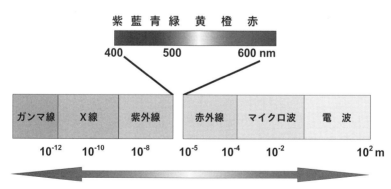

3-6　電磁波の種類と波長

$$\lambda = \frac{c}{v}$$

　また、**電磁波のエネルギーは周波数に比例し、波長に逆比例する**。つまり、紫外線、X線と波長が短くなるとエネルギーは大きくなり、赤外線、マイクロ波と波長が長くなるとエネルギーは小さくなる。**紫外光のエネルギーは化学結合を担っている電子のエネルギーと同じくらいであり、多くの分子が紫外線照射によって化学反応を起こす**。我々が、紫外線を浴びると日焼けするのがこれである。**赤外光は分子の振動の周波数と同じくらいであり、分子が赤外線を吸収すると振動運動が励起される**。分子を構成する原子の運動エネルギーが高い状態であるのは、分子の温度が高いことを意味している。赤外線器具による暖房、CO_2分子の赤外吸収による地球温暖化などがその例である。

吸収スペクトルと過渡吸収法

　すべての分子は可視あるいは紫外領域に吸収帯をもつので、そのスペクトルを測定することにより物質の分析ができる。どの波長の光をどれくらい吸収するかをグラフにしたのが吸収スペクトルであるが、これは物質の種類を特定できるだけではなく、その吸収量を正確に測定することにより、試料物質内でのその分子の濃度を推定する定量分析法としても有用である。図3-7は、お茶から抽出したカフェインの紫外吸収スペクトルである。スペクトルの形は通常は分子の濃度に依存しないので、サンプル試料に含まれる分子種を同定することができ、特定の波長におけるスペクトル強度から、その分子の含有量を決めることができる。カフェインは多くの食品に含まれていて興奮剤としての効果があるが、過剰摂取による副作用を防ぐためにその含有量を知ることは極めて重要である、しかし、これを化学的な手法で単離し正確に秤量することは高い技術を必要とするし容易ではない。そこで、有機溶剤を用いて特定の量のサンプル試料からカフェインを抽出し、図3-7に示した紫外吸収スペクトルを測定してその含有量が決められている。

　物質内での一連の変化を、それぞれの分子の吸収スペクトルを時間とともに観測していく分子分光の手法は、化学反応の研究に広く用いられている。

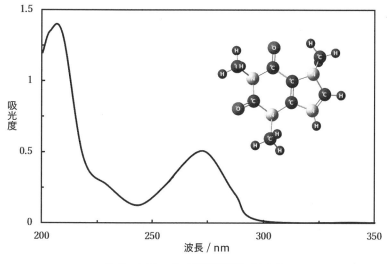

1.5

1

吸
光
度

0.5

0

200　　　　　250　　　　　300　　　　　350

波長 / nm

3-7　カフェインの紫外吸収スペクトル

　光化学反応を高速で捉えるのに、ポーター（1967年、ノーベル化学賞受賞）らが開発したフラッシュ・フォトリシス法がある。これは、まず物質にパルスの光を照射し、その直後に光化学反応で生じた分子種の吸収スペクトルを測定するためのもうひとつのパルス光を照射する。その透過光のスペクトルの時間変化を追跡すれば、反応後に生成した不安定分子種の光吸収スペクトルが測定できる。これは過渡吸収法ともよばれて、光化学反応をリアルタイムで追跡できるので、反応過程を解明するのにとても有用な観測手段となっている。

　過渡吸収スペクトルを観測するには、従来は波長掃引型の分光器を用いて観測波長を連続的に変化させて記録していたのだが、その時間変化を瞬時に追跡しようとすると、広い波長領域の吸収強度を一気に測定する必要がある。そこで開発されたのがマルチチャンネル検出器であり、分光器の出射口に微小な CCD（Charge Coupled Device：光を受けて電荷に変換する素子）光検出器を多数並べ、ある瞬間でのすべての波長の光透過強度を同時に観測できるようになっている。

　数多くの分光学的な実験により、**光化学反応などの励起分子の変化やエネルギー緩和は、極めて速い過程である**ことが示された。今では、時間幅が非常に短いパルスレーザー光を用いて過渡吸収スペクトルを測定する実験が盛んに行われている。極短パルスレーザーは近年飛躍的な発展を遂げ、フェムト秒（10^{-15} sec）という極めて短い時間領域で、励起分子の動的過程を正確に追跡できるようになった。

発光スペクトルの応用

　物質の発する光をプリズムや回折格子を用いて波長別に分散し、それぞれの波長での発光強度をグラフにしたのが発光スペクトルであり、吸収スペクトルと同様に物質の同定や定量分析に応用されている。気体の物質をガラス管に封入して放電すると特定の原子・分子が明るく光ることが知られており、我々はこれをランプとして利用している。**蛍光灯**は、気体の水銀の発光を使ったランプであるが、その発光スペクトルには Hg 原子のスペクトル線が多く見られる。コンパクトディスクには細かい溝が切ってあって回折格子と同じ機能があり、太陽光や家庭で使われている電球、LED や蛍光灯の光の反射を見ると、これらのスペクトルが簡単に見られる。Hg 原子の光の多くは紫外光で照明には適さないので、管の内側に蛍光物質（紫外光を吸収して強い可視光を発する物質）が塗られており、それによって効率の良い照明器具として使われている。水銀ランプに可視光は吸収して紫外光だけ透過するガラスフィルターを取り付けたのが、ブラックライトである。可視光は出ていないので我々は光を感じることはできないが、多くの物質は紫外光を吸収して可視光を発するので、ブラックライトを照射するとその物質の発光が見られる。**その発光スペクトルは原子・分子に固有の波長で固有の形、固有の強度を持っているので、その物質に含まれる成分を定量分析することができる。**

マイクロ波分光の応用

　赤外光よりもさらに電磁波の波長が長くなると、いわゆる'電波'あるいは'マイクロ波'とよばれる領域になる。**分子の回転エネルギー準位間のエネルギー差がマイクロ波のエネルギーに相当し、マイクロ波分光は簡単な分**

子の分子構造を精密に決定する有力な方法となっている。通常のマイクロ波分光では、導波管のセル中に試料気体を導入してマイクロ波の吸収を電場で変調して検出するが、パルスマイクロ波を照射して分子の回転エネルギー準位間の遷移を起こさせ、得られる過渡的な応答を検出し、それをフーリエ変換*してスペクトルを得る手法も用いられている。これは、'フーリエ変換マイクロ波分光法（FTMW）' とよばれているが、高感度で時間分解能も高く、短寿命のフリーラジカル（OH、CN、NO、CCH など）や分子イオン（CO^+、HCO^+、HCS^+ など）の研究で有力な手段となっている。このような分子種は宇宙空間でも見つかっていて、**マイクロ波分光は星間分子の電波天文学と密接な関係があるが、これらの分子の同定には、実験室でのマイクロ波分光で調べられたスペクトルが鍵となっている。**

レーザーと分子分光

　レーザー（LASER）とは Light Amplification by Stimulated Emission of Radiation の頭字語で、電磁波の誘導放出** を利用した光増幅器である。その理論的基礎は、1917 年にアインシュタインによって与えられ、その基本はエネルギーの高い準位の占有数が低い準位の占有数より大きい反転準位の状態（反転分布）を実現することにある。反転分布している物質に光を照射すると、エネルギーの高い準位にある分子が光を放出して、エネルギーの低い準位に緩和する。これを 2 枚の鏡で挟んだ共振器で増幅すると、大きな出力の一方向の光が得られる（図 3-8）。これがレーザー光である。最初の実験的な成功は、1960 年にアメリカのメイマンによって達成された。彼は両端の面に銀を蒸着したルビーの結晶の光共振器を作り、フラッシュ・ランプによる照射で反転分布を実現して赤色光のレーザー発振に成功した。それ以来さまざまなタ

---

* **フーリエ変換**　時間軸に対して得られたデータを周波数あるいはエネルギーに対するデータに変換する数学的手法がフーリエ変換である。通常のスペクトルの横軸は電磁波の周波数、あるいはエネルギーであるが、電磁波の干渉パターンを時間の変化として観測し、そのデータをフーリエ変換してスペクトルを得るのがフーリエ変換分光法である。

** **誘導放出**　分子に光を照射すると、吸収が起こってエネルギーの高い準位にある励起分子が生成する。それと同時に、エネルギーの高い準位にある分子は光を照射すると自ら光を照射して元に戻る。これを、光で誘導される光の放出という意味で、誘導放出とよぶ。

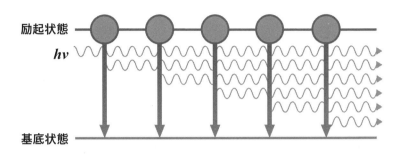

励起状態

$h\nu$

基底状態

3-8　反転分布とレーザー

イプのレーザーが開発され、分光学や光化学の研究は一変し、化学の広い分野に大きな影響を与えた。

　レーザー光の主な特徴は、1) 単色で大出力の光が得られる、2) 連続的に波長可変である、3) 位相がそろっていて収束性に優れる、4) 超短パルス光が得られる、である。分子分光学で取り扱う現象は、光の電場によって生じる物質の分極[*]を考察することで理解される。光が弱い場合は、分極は光の強度に比例する1次の項で与えられる[**]が、強いレーザー光の照射下では2次、3次の項が重要になって、2光子が関与するような特殊な光学現象が観測される。これを利用した分光が非線形分光で、通常の分子分光法では得ることのできなかった高感度高分解能の分子スペクトルが観測できるようになった。

――――――――――

[*] **分極**　分子の中の電子の位置が偏り、＋の電荷と－の電荷の分布が空間的に分離した状態を分極とよんでいる。

[**] **分極の大きさ**　光の強度をIとすると、分極の大きさ（P）は一般に

$P = aI + bI^2 + cI^3 + \cdots$

と表される。第1項は光の強度の1次に比例するので線形項、2次、3次の項は、非線形項とよばれる。光が弱い時には分極は光の強度に比例するが、光が強くなると非線形項が重要になって、分極が急激に増える。これを非線形効果という。

c) 磁気共鳴 ── スピンを使って観測する

　第Ⅰ部で説明したように、**電子や原子核はその自転運動に対応するスピンに伴う磁性を持つ。自転の右回りと左回りに対するエネルギー準位が存在するが、そのエネルギーは磁場によって分裂し、そのエネルギー準位間の遷移を観測するのが磁気共鳴**である。電子のスピンを対象とするのが電子スピン共鳴（Electron Spin Resonance : ESR）で、原子核のスピンを対象とするのが核磁気共鳴（Nuclear Magnetic Resonance : NMR）である。

ESR

　ESR は電子スピンを対象にするので、不対電子を持つフリーラジカルなどの構造や性質を研究するための有力な手段となっている。原子や分子の中の電子は、電子の軌道運動や電子スピン間の相互作用や、電子スピンと核スピンとの間の相互作用の影響を受け、分子の構造や周りの状態に応じたスペクトル分裂を示す。特に、電子スピンと原子核スピンとの間の相互作用による分裂を解析すると、分子の構造や電子状態についての重要な知見が得られる。例として、図 3-9 にナフタレンの陰イオンラジカルの ESR スペクトルを示す。不対電子は 8 個の C 原子の π 軌道* に入っており、電子スピンが H 原子の核スピンと相互作用をしている。スペクトルの左側に見える小さな 5 本のピークは、等間隔で分裂していてその強度は 1 : 4 : 6 : 4 : 1 になっている。これは不対電子が 2, 3, 6, 7 の位置の H 原子の核スピンと相互作用しているのに起因している。この 4 つの H 原子は等価なので、その強度比はパスカルの三角形で示される二項係数の比になっている。これと同じパターンはスペクトル全体にも見られ、大きな分裂の 5 本のピークが観測される。これは 1, 4, 5, 8 の位置の H 原子の核スピンとの相互作用によるもので、強度比はやはり 4 個の等価な H 原子の 1 : 4 : 6 : 4 : 1（図では 6 : 24 : 36 : 24 : 6 と示してある）パターンになっている。不対電子のいる確率は 1, 4, 5, 8 の位置の C

---

* **π軌道**　ナフタレンはベンゼンが 2 つ連結した平面分子であり、8 個の C 原子はこれに垂直は方向に p 軌道を持つ。これを組み合わせたのが、ナフタレン分子の π 軌道である。第Ⅰ部、6 章参照。

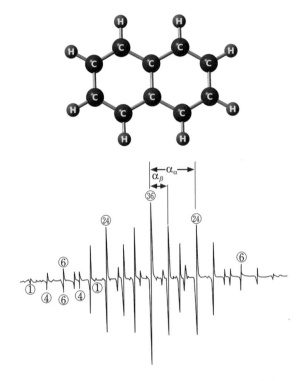

3-9　ナフタレン陰イオンラジカルの ESR スペクトル

原子上で大きいので、5 本のピークの分裂が相対的に大きくなっている。このように、ESR スペクトルを観測すると、不対電子の分布や分子の構造についての知見が得られるし、液体や固体の中での分子の周りの環境についても調べることができる。

NMR

　1938 年、原子核の磁気モーメントを正確に決めようとしていたラビは、LiCl の分子線を用いた実験で核磁気共鳴を発見した。これは、Li 原子の核スピンの右回りと左回りに対する準位が磁場によって分裂し、そこに電磁波を照射することによって分裂準位間の遷移を観測したものである。さらに第

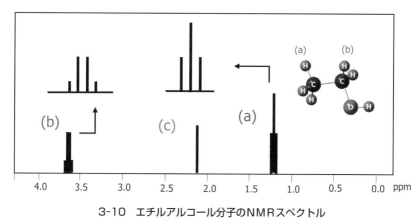

3-10　エチルアルコール分子のNMRスペクトル

2次大戦直後には、パーセルおよびブロッホのグループにより、パラフィン
の陽子（^{1}H の原子核）の核磁気共鳴が報告され、化学者によっても物質の
解明に活用されるようになった。

　図 3-10 は、エチルアルコール（CH$_3$CH$_2$OH）の NMR スペクトルである。
エチルアルコール分子（CH$_3$CH$_2$OH）には、左からメチル基、メチレン基、
水酸基に含まれる 3 種類の H 原子があり、プロトン NMR（^{1}H NMR）スペ
クトルには磁場の強さのズレ（化学シフト）で分裂した 3 つのピークが観測
される。NMR スペクトルでは、電磁波の周波数を一定にしておいて、磁場
の強さを変えていってスピン準位の分裂の大きさを変化させて共鳴したとこ
ろでピークが観測される。化学シフトは、単独の水素原子でピークが観測さ
れる磁場の強さからのズレを ppm 単位*で表したものである。その値は分子
の中の官能基によっておよそ決まった値を示し、メチル基（CH$_3$–）の H 原
子では 1.2、メチレン基（–CH$_2$–）の H 原子では 3.7、そして水酸基（–OH）
の H 原子では 2.1 くらいである。メチル基の H 原子によるピークは 1：2：1
の強度比の 3 本線に分裂しているが、これは隣のメチレン基にある 2 個の等
価な H 原子とのスピン間の相互作用によるもので、一般に ^{1}H NMR のピー

---

* **ppm 単位（parts per million）**　百万分の 1 を基準にして割合を表す。

クは、パスカルの三角形の比にしたがって、1個の等価なH原子の影響では1:1の強度比の2本、2個のH原子では1:2:1の3本、3個のH原子では1:3:3:1の4本に分裂する。水酸基のH原子は、O原子をはさんで他のH原子と少し離れているのでスピン間の相互作用の影響が小さく、そのまま1本のピークとして観測される。それぞれのピーク全体の強度はH原子の個数に比例しており、CH_3CH_2OHでは3:2:1になっている。このようにして、H原子を含む有機分子の構造は^1H NMRのパターンを見るだけで予想することができる。NMRスペクトルは分子の構造について細かい情報を与えるもので、1950年代から化学研究への応用が急速に進み、さらに1966年にエルンストらがパルスラジオ波を用いるフーリエ変換NMR法（FT-NMR）を開発し、NMRに革命的な進歩をもたらした。

しかし、1970年頃までのNMR測定器はまだ感度が良好でなく、^{13}Cのように天然存在比の小さい核種の測定には困難があった。それまでは、固定した共鳴周波数のラジオ波を試料に照射しながら磁場を掃引してスペクトルを得るCW-NMR（Continuous Wave NMR）の手法が取られていたが、1966年にエルンストらが、パルスラジオ波を用いるフーリエ変換NMR法（FT-NMR）を開発して、NMRに革命的な進歩をもたらした。

MRI

磁気共鳴の応用として、社会に大きなインパクトを与えたのがMRI（磁気共鳴画像法：Magnetic Resonance Imaging）である。これは磁場のかけ方と電磁波の遷移の観測に工夫を凝らして、物体のあらゆる箇所からのNMR信号を一気に取得し、それをコンピューターで解析して2次元の断層画像を得る方法である。MRIはラウターバー（2003年、ノーベル生理学・医学賞受賞）によって1973年に発明されたが、その後のコンピューター技術と超伝導磁石の製作技術の進歩により、近年人体の高分解能断層画像を得ることが可能となった。

MRIでは、パルス^1H NMR信号を人体のある断面で二次元で測定し、核スピンの緩和時間の違いを画像化（イメージング）する。磁場中でエネルギーの高いスピン準位にある核スピンは決まった速さでエネルギーの低い準位に

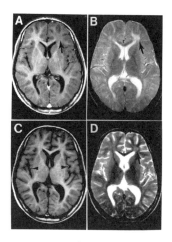

3-11　脳の MRI 画像

緩和する。その緩和時間*は周りの物質の状態や環境によって微妙に変化し、たとえばガン細胞の^{1}H 核スピンは正常な細胞の^{1}H 核スピンに比べて緩和時間が少し短い。その差を利用して 2 次元平面上で NMR 信号を区別し、コンピューターで画像解析すればガン細胞の分布を可視化できる。1 回の測定で 2 次元平面の画像が得られ、磁場に垂直な方向に人体を少しずつ移動させて繰り返し撮像すれば、人体全体の内部画像が完成する（図 3-11）。従来は、音波や X 線を使ったコンピューター撮像（CT スキャン）がよく使われてきたが、MRI のほうが人体に対するリスクが小さく、画像分解能も高いので、今ではガン治療をはじめとした最先端医療の主流となっている。

---

* **緩和時間**　エネルギーが高い準位から低い準位へ戻るのに必要な時間を緩和時間という。1H の殻スピンでは、右回りと左回りの核スピンの準位のエネルギーが磁場によって分裂し、その間の NMR 遷移を観測し、緩和時間によってガン細胞などの空間的な分布を識別するのが MRI である。

COLUMN **3**　　　　　　　　　　　　**ラウターバーと MRI の発明**

　MRI の原理の発明者、ポール・ラウターバーは化学者であった。彼はアメリカ、オハイオ州の小さな町で技術者の子として生まれ、町はずれの農場の自然に恵まれた環境で育った。彼は一風変わった子供で、いつも大きな木の下で物思いにふけっていたという。少年時代から自然や科学に興味を持ち、自然の謎を解き明かしたいという夢を抱いていた。彼が特に興味を持ったのは周期表で同じ族に属する炭素とシリコンの違いであった。炭素でできた分子には生命を作る分子があるのにシリコンでできた分子にそれがないのはなぜだろう。その違いは偶然なのか必然なのかと疑問を持った。

　1947 年に彼はクリーブランドのケース工科大学に入学した。化学を専攻し、炭素とシリコンの結合を持つ化合物の合成に取り組んだ。大学を卒業後は企業に就職する道を選んだ。彼はシリコン関連の素材を専門とするダウ・コーニング社に採用され、ピッツバーグのメロン研究所に配属となった。ここで彼は NMR と運命的な出会いをした。1953 年に NMR の化学への応用で有名なイリノイ大学のグタウスキー教授がセミナーを行い、彼は NMR に非常に興味を持った。まもなく軍に召集され、陸軍の化学センター勤務となったが、ある部隊の研究室が NMR を購入することを知り、彼はうまくその部隊に移って NMR 装置を維持・管理するメンバーの一員となり、除隊するまでの日々を NMR の研究をして過ごした。1955 年に除隊し、メロン研究所に戻った。その頃には NMR は将来性のある分析機器として注目され始めていたが、実際に観測できるのは、水素とフッ素核に限られていた。彼は会社の上司にシリコン（29Si）の NMR を試みたいと話し、ダウ・コーニング社は NMR を購入した。彼は水素とフッ素以外の多くの核種の NMR を次々と観測し、とくに ^{13}C の NMR の研究で有名になった。しかし、会社の上層部との関係は次第に悪化した。1962 年に彼はイギリスのファラデー協会主催の学会で講演する招待を受けたが、会社は学会への出席を許可しなかった。彼は会社に失望し、大学に職を求める決心をした。

　1963 年に彼は新設されて間もないニューヨーク州立大学ストーニーブルック校化学科に准教授として迎えられた。1960 年代には彼は物理化学的な研究を続けていたが、次第に生体系の研究に向かった。そして偶然の出来事から大きな飛躍のチャンスが訪れた。1971 年の夏にある会社の実験室で、ネズミの生体組織の NMR 観測に立ち会い、腫瘍のある組織から切り取ったサンプルのシグナルが正常な組織のシグナルと異なった挙動を示すことを実際に見る機会があった。彼は組織のサンプルを切り取らずに生きたままの状態で NMR の観測ができたらどんなに素晴らしいかと考え、それを可能にする方法について思案し、意図的に傾斜をつけた磁場を利用して物体の内部構造を調べるアイディアを思いついた。彼は実際に NMR で画像が得られることを示すために、内径 4.2 mm の D_2O で満たされたガラス管中に置かれた 2 本の毛細管中の H_2O の試

料を用いて MRI の基本原理と簡単な応用例を示し、1973 年に Nature 誌に発表し、これがノーベル生理学・医学賞の対象となる論文となった。彼は様々な角度での投影図から 3 次元画像を構築するアルゴリズムを開発し、間もなく実際の生体中の水の 3 次元分布が観測されるようになり、アサリやハツカネズミの MRI の画像が得られた。しかし、実際にこの方法が医学で役立つようになるには多くの技術的な問題の解決が必要であった。医学の臨床への応用が実現したのは、企業が参入し、多くの研究者、技術者が開発に加わるようになった 1980 年代中期以降からである。この頃から臨床用の MRI が急速に普及し始めたが、その発端は 1 人の化学者の優れたアイディアから始まったのである。

d）顕微鏡 —— 物質の微細構造を観察する

　光学顕微鏡の分解能は光の回折によるイメージ点の広がりによって決まり、光の波長のおよそ 2 分の 1 になる。これは可視光では 0.2 μm 程度になり、原子・分子を直接観測しようとすると分解能が 1000 倍以上足りない。光の代わりに電子線を用いる電子顕微鏡では、分解能はド・ブロイ波長（$\lambda = h / mv$）で決まり、電子線のエネルギーを高くして速度 v を大きくしてやれば、分解能をはるかに高くすることができる。さらに、電子は負の電荷を持っているので、電場と磁場を適当に組み合わせることで電子線レンズができ、焦点を小さく絞ることも容易であり、高い感度と分解能をもつ電子顕微鏡が開発されている。

　その技術は近年飛躍的に発展し、今では分子構造を直接観測できるまで分解能が向上して、化学への貢献が非常に大きくなっている。顕微鏡は元々微生物とか細胞の内部とか、組織の構造を観察するために開発されたものであるが、電子顕微鏡によって分解能が向上し、固体中の分子の姿がくっきり見えるようになった。さらに、トンネル効果や近接場を利用した超高分解能顕

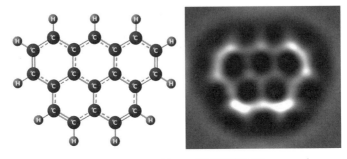

3-12　オリンピセンの電子顕微鏡画像

微鏡を使うとそれぞれの原子の観測も可能となり、分子をミクロに制御する
ナノテクノロジーの中心機器として応用されている。図 3-12 は、ベンゼン
環が 5 つ連なったオリンピセン分子の顕微鏡画像である。これは、電子顕微
鏡の分解能を最大限高めて撮影されたもので、C 原子で構成された分子の骨
格をはっきり認識することができる。分子のサイズが大きくなると分光的な
手法でその構造を決めるのは不可能なので、高分解能電子顕微鏡で観測して
分子構造を決定する手法は極めて有用である。

　さらに大きな分子の構造も、近年急速な進歩を遂げた走査型近接場力顕微
鏡によって明らかにされている。電子や近接場を用いると固体表面に凍結し
た分子の構造を画像として観測することができるが、また蛍光を利用して液
体中の分子や生体系の組織構造を明らかにする手法も用いられている。最近
注目されているのが ‘緑色蛍光たん白質（GFP : Green Fluorescent Protein)’
である（下村脩、2008 年ノーベル化学賞受賞）。一般に生体物質は蛍光を発
しないが、オワンクラゲから抽出された GFP は緑色の強い蛍光を発し、生
体内の特別な部所に運ばれて生体機能に関与することが知られている。そこ
で、蛍光顕微鏡で GFP からの蛍光を観測してやれば、どの部分でたん白質
が作用しているかを直接決定することができる。高分解能顕微鏡は、基礎化
学の分野ばかりでなく、生物学でもこれから重要度を増して、生体系の解明
に威力を発揮するであろう。

宇宙からの地上の観測、地上での宇宙の観測

　地球の大気の汚染が進んでいる。特に多くの生命が生きている地表近くの大気の状態を観測することは極めて重要であるが、実際にどのような方法があるのだろうか。現在、主に行われているのが人工衛星からの観測で、大気に含まれるさまざまな分子について地表で反射される太陽光によって見られる吸収スペクトルを測定し、各成分の量と分布を継続的に記録している。最も重要なのがオゾン（O_3）であろう。薄い層を成して成層圏に存在するオゾンは宇宙線や太陽光線に含まれる紫外線を吸収し、地表で生きている我々を守ってくれている。ところが、20世紀の後半から特に南極大陸の上空でオゾンが減少し（オゾンホール）、動植物に多大な被害を与えている。オゾン層に穴が開いた原因はフロンガスであることが示されて、代替フロンへの切り換えが進められその後オゾンホールは回復傾向にあるとは言われているが、今後も正確な観測を継続していかなければならないのは間違いない。人工衛星からの大気観測では、他にも CO_2, NO_x, SO_x, ClO などのデータも記録されており、日本でも温室効果ガス観測専用衛星（いぶき2号）を打ち上げて、地球環境の保全に取り組んでいる。

　逆に地上での観測も重要であり、宇宙から届く微弱な光や電波を観測するための大型望遠鏡が各国に設置され、観測を続けている。紫外領域の光は地上には届かないが、可視や赤外、マイクロ波領域の分子スペクトルを観測して、宇宙に存在する分子を探索している。また、化学とは直接関連してはいないが、最近注目されているのが、重力波やブラックホールの画像の観測である。これらのデータを相補的に解析して考察を重ねていくことが、宇宙や生命の起源の謎の解明につながるのであろう。いずれにせよ、最新科学機器を用いた継続的な観測が、地球を守る研究の基本になる。

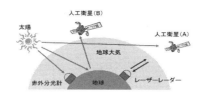

4 化学における分析

　化学の知識を生活に活かそうとすると、まずは物質がどのような原子や分子でできているか、あるいはそれぞれの成分の割合はどれくらいなのかを調べなければならない。前者を'定性分析'、後者を'定量分析'というが、古くから行われてきた一般的な方法は、対象となる物質をそれぞれの成分に分離し、その物理、化学的な性質を調べてそれが何かを特定することであった。さらに、それぞれの成分を完全に分離することができれば、その重量を測定することによって定量分析が可能となる。しかしながら、この工程は高度な技術を必要とし、試料の量が少ないときには分離作業や秤量がなかなか難しい。そこで、分光学的手法などを用いた最新の分析機器を使って、それぞれの成分を分離せずに同定と定量を同時に行う方法が開発された。これが機器分析であり、短時間でかつ自動的に多くの物質を定量分析することができる。現在では、比較的安価で最先端の分析機器が市販されていて、さまざまな未知サンプルの定量分析がなされている。具体的には、元素分析、質量分析、赤外吸収などがある。

a) 元素分析 ── 物質の構成元素とその割合を調べる

　化学物質はいくつかの元素によって構成されているが、試料物質にどの元素がどれくらいの割合で含まれているかを調べるのが元素分析である。炭素が主成分である有機化合物については昔から燃焼法が多く用いられてきたが、それ以外の無機化合物には最新機器を活用した高精度の機器分析法が広く用いられている。

有機化合物の燃焼分析

　まずは、有機化合物の元素分析について説明しよう。有機化合物のほとんどは燃えるので、燃焼反応を完結させて最終的にその主成分である炭素（C）、水素（H）、窒素（N）の酸化物を分離して秤量し、それぞれの元素を定量す

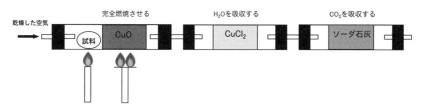

4-1 有機化合物の元素分析 (燃焼法)

る (図4-1)。燃焼反応を経るので酸素 (O) は定量できず、これについては他の方法を併用する。元素の割合が知りたい有機化合物のサンプルを酸素を混合したヘリウムガス雰囲気下で高温に加熱し、構成元素をすべて酸化物にする。炭素は CO_2 になるので塩化カルシウムで吸着し、水素は H_2O になるのでソーダ石灰で吸着してそれぞれの重量を測り元素の量を決定する。窒素は NO_x になるが、これは酸化銅の触媒で還元して N_2 に変換してから別途定量する。燃焼反応しない元素は灰分として残るので、通常はこれを次に示す無機化合物の機器分析によって同定、定量する。この方法によってほとんどの有機化合物の元素分析が正確にできるが、多量のサンプルが必要となるし、サンプルを燃やしてしまうので回収ができなくなり、貴重なサンプルの分析法として優れているとは言えない。そこで、現在では次に挙げる機器による定量分析が有機化合物にも使われることが多い。

無機化合物の機器元素分析

　無機化合物のほとんどは多くの種類の元素を含んでいるので、その分析には1回の測定で多くの元素の定量ができる最新機器を使った元素分析が主流である。原理としては、固体のサンプルを溶媒に溶かした溶液を、放電やプラズマ、あるいはX線照射などを用いてすべて気体の原子やイオンにし、光吸収や発光分析、質量分析などの方法でそれぞれを定量する。

原子吸光分光法 (AAS : Atomic Absorption Spectrometry)

　溶液のサンプルをアセチレン−空気炎 (フレーム) や黒鉛炉の中で急激に

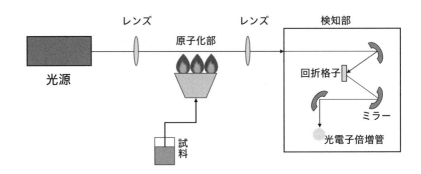

4-2　原子吸光分光（AAS）法

加熱し、構成元素をすべて原子にし、それぞれの原子が吸収を示す波長の光を通す。回折格子分光器を用いてその波長の透過光の強度を測定すれば、それぞれの原子の量を決めることができる（図4-2）。光源としては、一般にホローカソードランプが用いられるが、検出したい元素に特化したランプをそれぞれに用意する必要があって、多くの元素を一気に分析するのは難しいが、いくつか主要な元素に絞ってその含有量を正確に測定できるし、使いやすい機器が多く市販されているので、原子吸光分光法は今でも広く用いられている。

誘導結合プラズマ法（ICP : Inductively Coupled Plasma）

　サンプルの無機化合物を溶液にし、それをヒーターで加熱して気化させる。生成した気体をコイルを巻いた石英管に通し、コイルに高周波数の大電流を流して誘導結合プラズマを発生させる。これによって、気体の温度は1000℃から10000℃に達し、すべての化学結合が切断されて原子やイオンになる。これを後に示す原子吸光や質量分析を活用して元素分析を行う。

X線光電子分光法（XPS : X-ray Photoelectron Spectrometry）

　分子にX線を照射すると電子が飛び出す。これを光電子とよぶが、飛び出す電子のエネルギーが原子によって異なるので、そのスペクトルを観測す

るとそれぞれの原子の正確な定量ができる。実際には、高真空化で固体のサンプルの表面にX線を当て、飛び出してくる光電子の運動エネルギーを分析して光電子スペクトルを測定し、サンプルの元素分析を行う。これをXPS（またはESCA）法という。

b) 質量分析 —— 質量別の成分量を調べる

　試料物質の成分を質量別に分け、各質量の分子の量を測定するのが質量分析法である。試料を加熱して気化し、さらに電子線を照射してすべての分子種をイオン化する。電場で一方向へ加速した後、磁場をかけると質量によって運動の方向が変わるので、各質量の分子種を分離することができる。その装置が磁場型質量分析計（図4-3）であるが、これによって各イオンの相対的な量を正確に測定することができ、それぞれの質量成分の定量をすることができる。現在では、質量数の10分の1以下まで質量を分離できる質量高分解能の質量分析計が開発されていて、化学の研究機関には必ずと言ってよいほど備えられている。図4-4は、エチルアルコール（CH_3CH_2OH：質量数46）の質量スペクトルであり、横軸は質量、縦軸はその質量の分子種の量を表している。スペクトルには多くのピークが表れているが、これはフラグメンテーションと言って、分子がイオン化するときに結合の解離も生じ、分解

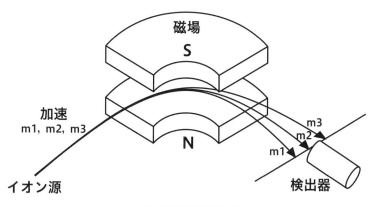

4-3　磁場型質量分析計

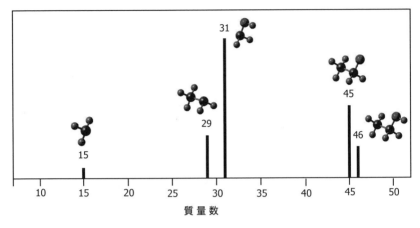

4-4　エチルアルコール分子の質量スペクトル

してできた小さい分子種のイオンによるピークが親分子とともに検出される
ものである。このフラグメントパターンはすでに詳しく解析されているので、
分子の特定には非常に有用である。エチルアルコールの場合は、親分子イオ
ンの質量数 m = 46 のピークのほかに、m = 45（CH$_3$CH$_2$O）、m = 29（CH$_3$CH$_2$）、
m = 15（CH$_3$）などのピークが観測される。また、質量同位体を含んでいる
試料については、各々の特定と相対的な含有量の決定も可能である。質量分
析法は、今では物質の詳細な定性および定量分析に欠かせないものとなって
いる。

c）赤外分光分析法──分子の指紋を調べる

　分子の振動の周波数（〜 10^{14} Hz）は赤外光の周波数とほぼ同じであり、
ほとんどの分子が特定の周波数の赤外光を吸収する。しかも、それぞれの振
動の周波数の値が分子によって異なるので、赤外吸収スペクトルは分子固有
のパターンを示す。そのため赤外吸収スペクトルは「分子の指紋」とも言わ
れ、分子を特定するのに広く活用されている。

　図 4-5 は大気の赤外吸収スペクトルであるが、観測されるスペクトル線は、
主に気体の H$_2$O 分子と CO$_2$ 分子の振動によるものである。空気の主成分で

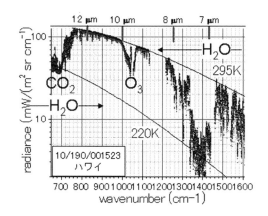

4-5　大気の赤外吸収スペクトル

ある N_2 分子と O_2 分子は赤外線をまったく吸収しない。H_2O 分子のスペク
トル線には多くの細かい線が観測されるが、これは気体の H_2O 分子の回転
運動のエネルギー準位に由来するものである。CO_2 分子の回転スペクトル線
は、それらの間隔が小さいので通常の赤外吸収分光計では分離することがで
きず、その包絡線が１つのピークとして観測されている。スペクトルの横軸
の単位は、cm^{-1} と示されているが、これは、cm 単位で表した赤外光の波長
の逆数であり、波数（wavenumber）とよばれている。いわば、1 cm の中に
波がいくつあるかという数値であり、波長に逆比例してエネルギーに比例す
るので、赤外光や可視・紫外光のスペクトルの横軸の単位としてよく用いら
れる。分子の赤外光吸収強度は多くの実験で精度良く決定されているので、
それぞれのスペクトル線の強度を測定してやれば、試料気体に含まれる CO_2
分子の濃度を正確に求めることができる。これが赤外吸収法による定量分析
であり、環境計測の有用な手段として重要な役割を果たしている。

　この赤外吸収定量分析法は、固体や液体試料についても広く活用されてい
る。図 4-6 は、PET（ポリエチレンテレフタル酸）と他のプラスチックの赤
外吸収スペクトルを示したものである。固体の場合は分子間の相互作用があっ
てスペクトル線の幅は広いが、プラスチックではそれぞれ分子構造や結合の

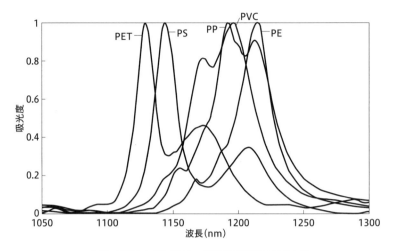

4-6　PET とプラスチックの赤外吸収スペクトル

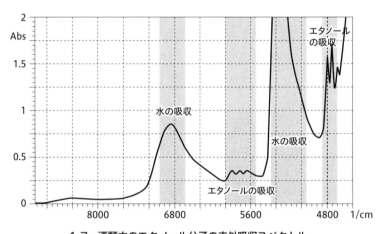

4-7　酒類中のエタノール分子の赤外吸収スペクトル

変化に伴ってピークの位置が異なり、物質ごとの分析が可能である。そこで、赤外吸収スペクトルを注意深く測定すれば、各スペクトル線の位置と強度からプラスチックの成分や含有量を推定することができる。

　液体の試料でも同じような定量分析をすることができ、食品の分析などに広く用いられている。図 4-7 は酒類に含まれるエチルアルコール分子の近赤外（4500 〜 9000 cm^{-1} の領域）吸収スペクトルを示したものである。日本酒やワインなど、その中に含まれるエチルアルコールの量はそれぞれ違っており、これを定量分析することは極めて重要である。さらに、種類中でのエチルアルコール分子は水分子と水素結合しており、その構造は醸造元によって微妙に異なっている。それに伴い赤外吸収スペクトルもそれぞれに固有なパターンとなり、アルコール飲料の細かい分析に用いられている。

COLUMN 5　放射性同位体分析による年代測定

　放射性元素はそれぞれに固有の半減期を持ち、一定の速度で崩壊して他の元素へと移っていく。この特性を生かして、各質量同位体の含有相対比を正確に分析してやると、化石などの生物の死骸や文化財の遺跡などの年代測定をすることができる。よく用いられるのが ^{14}C 原子である。大気中の ^{14}N 原子に宇宙線に含まれる中性子（^0_0n）が衝突して ^{14}C 原子と電子（^1_1p）が生成する。

$$^{14}_{7}N + ^1_0n \rightarrow ^{14}_{6}C + ^1_1p$$

^{14}C 原子は放射性であり、半減期 5730 年でベータ崩壊（電子線（β線）を放出する核反応）して、^{14}N 原子に戻る。

$$^{14}_{6}C \rightarrow ^{14}_{7}C + e^-$$

地球上ではこれらの反応が平衡状態にあり、長い間 ^{14}C 原子の存在比は一定であったことが知られている。昔に生息していた動植物は光合成によってできた炭素化合物を摂取していたので、^{14}C 原子の含有比は今と変わらないが、死後地中に埋もれて化石になったり、建物に使われた木材が遺跡になると新たに炭素が取り込まれることはなく、^{14}C 原子は 5730 年の半減期で減少していく。したがって、発掘された遺跡の ^{14}C 原子の含有比を正確に分析したら、その生物が死んだ年代を推定することができることになる。たとえば、含有比の値が現在の 1/2 だったらそれは 5730 年前、1/4 だったら 11460 年前ということになる。^{14}C 原子の短期的な変動や測定誤差、あるいは近代の人工的な放射能汚染によって数百年の誤差があるが、最近注目されている日本の古代遺跡の年代測定でも有力な手段となっている。他の元素でも同じような分析が可能で、もっと長いスパンでの年代測定も行われている。

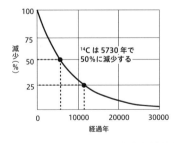

5 化学反応の最先端研究

　化学反応がなぜ起こるかの本質を理解することは、化学の中心課題の一つである。20世紀の後半における観測・測定技術と理論・計算化学の進歩により、化学反応の研究には飛躍的な発展があった。その成果は多岐にわたるが、ここでは短寿命種の観測と高速反応の研究、交差分子線を用いた研究、反応理論の研究といったトピックスについて概説する。量子化学の観点から化学反応を考えると、分子の構造とポテンシャルエネルギーがわかったら、分子軌道をコンピューターで計算して、個々の分子が反応していく過程を確率として捉えていくことができる。最近注目されているのは光で促進される化学反応で、科学技術の進歩によってもたらされた極短パルスレーザーを活用して、極めて短い時間に起こる化学反応が明らかになってきた。他方、確率が小さく非常に長い時間かかる反応については、特殊な触媒を作用させて驚くほど高い効率を実現している例も多い。

a) 光励起分子の反応の追跡

　中和反応のように多くの反応は瞬く間に起こるが、それがどの程度の速さで起こるかは、20世紀の後半に至るまで知られていなかった。それまでミリ秒以下の速さで起こる反応の速度を正確に測定する手段がなかったのである。1950年代になって高速の反応を研究する新しい手段が開発された。その中の重要なものに化学緩和法とフラッシュ・フォトリシス法があり、これによって短寿命の不安定な化学種の観測やマイクロ（10^{-6}）秒の時間領域で起こる化学反応が追跡できるようになった。

　フラッシュ・フォトリシスの方法は、1960年代になってパルスレーザーが開発されてから、ナノ（10^{-9}）秒という極めて短い時間領域で起こる化学現象の解明にも応用されるようになった。こうして、それまでよく知られていなかった短寿命の励起状態やラジカルなどの不安定で反応性の高い分子の構造や反応性が盛んに研究されるようになった。光を吸収して励起された分

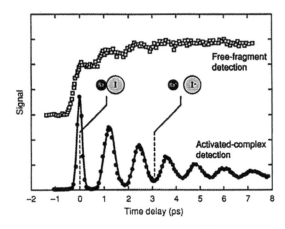

5-1　NaI 分子の解離反応追跡

子は、蛍光やりん光を放出したり、様々な失活の過程を経てエネルギーを失い、元の状態に戻っていく。また、イオン化、分解、異性化などの反応を起こしたり、他の分子とエネルギーを交換したりして変化していく。このような光励起分子の挙動を研究する分野が'光化学'であり、20世紀の後半に大きく発展した。光化学の研究は、初めは簡単な有機分子の研究から始まったが、20世紀の終わりには有機合成、太陽エネルギー変換、人工光合成、光触媒など、応用に主眼を置いた研究が盛んに行われ、現在の最先端科学の基盤ともなっている。

　さらなるレーザー技術の発展によって、極めて短い時間幅のパルス光が利用できるようになり、化学反応過程を時間とともに直接追跡することが可能となった。ズヴェイルは、NaI 分子が光によって解離する高速反応過程をリアルタイムで観測することに成功した（1995年、ノーベル化学賞受賞）。図5-1 は、フェムト秒*パルスレーザー光を気体の NaI 分子に照射し、電子励起状態での分子の振動によって生じた結合長が長い励起分子の量と、解離に

---

*　**フェムト秒**　1×10^{-15} 秒を、フェムト秒という。1秒の1000分の1が1ミリ秒（millisecond）、その1000分の1が1マイクロ秒（microsecond）、さらに、ナノ秒（nanosecond）、ピコ秒（picosecond）、フェムト秒（femtosecond）となる。

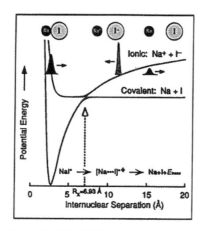

5-2　NaI 分子のポテンシャルエネルギー

よって生成する Na 原子の増加量の時間変化を示したものである。結合長が
長くなった NaI 分子の量は、分子振動によっておよそ 1 ps（1×10^{-12} 秒）の
間隔で周期的に増減しているが、同時に Na 原子の量が振動の 1 周期ごとに
階段状に増加していて、結合長が長くなったところで解離反応が起こってい
るのを明確に見ることができる。これらの実験結果は図 5-2 のポテンシャル
エネルギー曲線を見ると理解しやすい。パルスレーザー光で瞬間的に励起さ
れた NaI 分子は電子励起状態で振動を始め、結合長が長くなったところでそ
の一部が解離状態へと移り、Na 原子と I 原子に解離する。分子が振動する
ごとに一定量の NaI が解離していくので、生成した Na 原子の量は階段状の
増加を示すことになる。このように、**化学反応の進み方はパルスレーザーに
よる実験結果をポテンシャルエネルギー曲線を参考にして考えると深く理解
できる。**分子のポテンシャルエネルギー曲線は、現在では大規模な量子化学
理論計算によって正確に推定することができるので、最先端レーザー技術を
駆使した反応追跡の実験と組み合わせて、化学反応の機構の解明は今でも急
速に進んでいる。

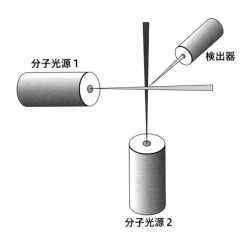

5-3　交差分子線実験の概念図

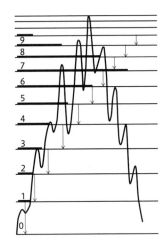

5-4　赤外化学発光

b) 素反応過程とは

　化学反応の研究で通常我々が取り扱う系は、分子レベルでみると多くの状態に分布している分子の集合であり、したがって実験では多くの量子状態にある分子の反応の統計的平均を観測していることになる。しかしながら、化学反応を本当に理解して理論計算の結果と比較しようとすれば、各々の状態にある分子を選別して反応させ、反応した分子がどのような量子状態にどれだけ分布するかを正確に観測することが求められる。このような視点から、ひとつの量子状態からひとつの量子状態への反応の速度を決めようという'状態から状態への化学（state-to-state chemistry）'の研究が20世紀の後半に始められた。その中心になったのは交差分子線を用いる研究（図5-3）と、赤外化学発光による生成分子のエネルギー解析の研究（図5-4）である。ハーシュバックらによるアルカリ原子とハロゲン分子などの反応では、反応は分子の衝突で瞬時に起こり、反応で生成するエネルギーは大部分が生成物の内部エネルギーになることが明らかにされた。これに対して、$A + X^- B^+ \rightarrow A^+ X^- + B$（A, Bはアルカリ金属、Xはハロゲン原子）の反応では、長寿命の反応錯合体を経て反応が進むことが示され、それぞれの素反応の機構が明

確になった。ポラニーらによる赤外化学発光を利用する研究では、生成物からの弱い赤外発光スペクトルを測定して、反応前後の分子のエネルギー分布やエネルギー移動の詳細が調べられた（リー、ハーシュバック、ポラニー、1986 年、ノーベル化学賞受賞）。例えば、$H + Cl_2 \rightarrow HCl + Cl$ の反応では、生成した HCl の多くは高い振動励起状態にあることがわかり、交差分子線による素反応過程の研究は、化学反応を理解するのに極めて重要な知見をもたらした。

c) 反応機構の理論的理解

　化学結合の電子論が発展するにつれて、有機化学反応を理論的に理解しようとする試みが'有機電子論'として始まった。有機電子論では、ベンゼンやナフタレンなどの芳香族分子の置換反応の場合、π 電子の密度が高い C 原子のところには、電子が不足して＋の電荷を帯びたり分極によって陽性になった官能基（求核剤：NO_2^+, CH_3^+ など）が反応しやすく、逆に π 電子の密度が低い C 原子のところには、電子を多く持つ官能基（求電子剤：Cl, Br, CN など）が反応しやすいと考えられていた。しかしながら、量子論に基づいた分子軌道法が開発されると、これで化学反応を理解しようという試みがなされるようになった。1952 年に京都大学の福井謙一らは、芳香族炭化水素の求電子置換反応は、HOMO の係数の大きい位置で起こり、求核反応は LUMO の係数で決まるという*'フロンティア軌道理論'を提案した。HOMO の係数というのは、分子軌道に対するそれぞれの原子の軌道の寄与の大きさを示しており、その値が大きいとフロンティア電子の存在確率が大きくなる。したがって、電子と反応しやすい（求電子剤）NO_2^+ は、HOMO の係数の大きい C 原

---

* **HOMO・LUMO**　HOMO とは、電子によって占有されている分子軌道のうち最もエネルギーの高い軌道（最高被占軌道：Highest Occupied Molecular Orbital）のことであり、LUMO とは電子によって占有されていない分子軌道のうち最もエネルギーの低い軌道（最低空軌道：Lowest Unoccupied Molecular Orbital）のことである。この HOMO と LOMO におけるもっとも確率密度の高い部分が反応点となると福井は主張した。原子で考えると最高被占軌道と最低空軌道はもっとも原子の外縁部に広がっている軌道にあたり、合わせてフロンティア軌道という。つまり、反応に関与するのはフロンティア軌道だけであると主張するのがフロンティア軌道理論である。

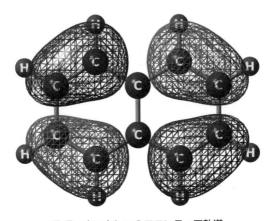

5-5　ナフタレンのフロンティア軌道

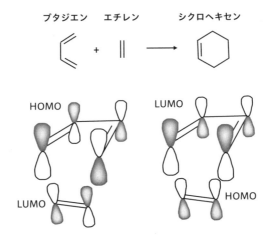

5-6　ディールズ・アルダー反応のフロンティア軌道

子と選択的に反応する。ナフタレンの HOMO では、1, 4, 5, 8 の位置（α位）の係数が大きく（図 5-5 で示した分子軌道が大きく膨らんでいる）、その位置の H 原子と選択的に置換反応が起こる。他の多くの芳香族炭化水素での実験結果もフロンティア軌道理論の予測と良く一致し、化学反応では HOMO と LUMO の電子密度が重要であるという福井理論が実証された。

　その後多くの重要な反応系についても検証が行われ、たとえば図5-6に示すようなエチレンとブタジエンからベンゼン環を形成するディールズ・アルダー反応では、反応する分子のHOMOとLUMOの対称性や位相も重要な役割を演じることが指摘された。ウッドワードとホフマンはこのような環化付加反応などの一連の反応において分子の立体構造が重要であることを指摘し、軌道の対称性の保存という一般原理から実験結果を説明した（ウッドワード・ホフマン則）。こうして有機化学反応の詳細を理論的に理解する新たな道が拓かれた（福井、ホフマンは1981年、ノーベル化学賞受賞）。

d) 高機能触媒

　化学反応が特殊な物質を混合させるだけで驚くほど速くなることは、かなり古くから知られていて、'触媒'とよばれている。触媒それ自体は化学反応に参加しているわけではないのだが、通常ではほとんど起こらない化学反応を効率よく進める魔法のような働きがあり、現代の化学反応研究の主流となっている。**触媒の作用とその機構については個々の反応でさまざまであるが、重要なのは'活性化エネルギー'を小さくする作用である。**一般に、化学反応はポテンシャルエネルギーの障壁を越えて起こる（図5-7）。その障壁の高さが活性化エネルギー（E_a）であるが、多くの触媒はこれを小さくする（E_a^c）機能を持ち、それによって比較的小さなエネルギーをもつ分子でもポテンシャル障壁を乗り越えて反応できるようになる。もうひとつ効果的なのが、2つの分子が接触している時間を長くする作用である。特に会合反応の場合には、一旦衝突した2つの分子を引き留めて、長い時間会合させておくことが重要であり、これで反応の確率は飛躍的に高まる。

　優れた触媒作用が見つかって実用化され、現代社会で重要な役割を果たしている化学反応は多い。その代表的なもののひとつが燃料電池で、その化学反応式は次のように表される。

$$2H_2 + O_2 \xrightarrow{Pt} 2H_2O$$

これは気体の水素と酸素による水の合成反応で、水の電気分解の逆反応に

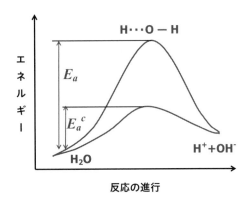

5-7　触媒による活性化エネルギーの変化

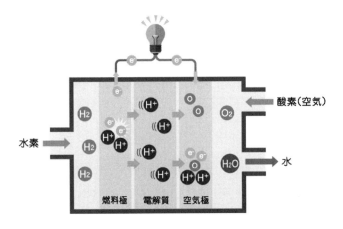

5-8　燃料電池

なっている。電気分解では、水に電気を流してエネルギーを与えて電気分解反応を起こしているが、燃料電池（図5-8）では、逆に水素と酸素で水を合成して電気エネルギーを得ている。この反応は通常の条件ではほとんど起こることはないが、少し高温にして白金（Pt）触媒を加えると効率よく反応を進めることができる。この反応では二酸化炭素や有毒物質を出さないので、環境にやさしいエネルギー源として注目されているが、白金はレアメタルで

希少価値が高く、日本では手に入れることが難しい。今後の普及に向けては、入手の容易な素材を使った新しい触媒の開発が課題である。

　太陽光を使って水の分解反応を起こし、殺菌や汚れの分解に利用するのが光触媒である。

$$2H_2O \xrightarrow{\text{TiO}_2} 2H_2 + O_2$$

　酸化チタン（TiO$_2$）にはこの反応を効率よく起こす作用（本多・藤嶋効果）があることが見出され、今では横断歩道やガードレールの塗料、家屋やビルの外壁、化粧品などに加えられて、清浄表面の維持や殺菌・抗菌に活用されている。さらに近年のナノテクノロジーは、この光触媒の構造を微細に制御することを可能にし、さまざまな化学反応で高効率の触媒効果が発揮できるようになりつつある。

6 新しい素材を創る材料化学

20世紀の後半になると化学者による物性研究がとても盛んになった。その背景には、電子産業や高分子産業の基礎となる材料科学の発展があり、物性の研究は産業への応用への期待もあって大きく進んだ。現在では、これまでの膨大なデータの蓄積を基に、多様な性質を示す素材が数えきれないほど開発されている。特に化学に注目して見てみると、それぞれの原子や分子の特性を生かし、液体や固体、あるいはその中間の性質を示す新たな物質が創成されている。近代社会を支えている IT 機器も、新しい素材を巧みに使いこなしてはじめて高度な機能を果たしているのである。

a) 新元素、新分子、新物質

化学は物質の科学であるから、新しい元素、新しい分子、新しい物質の発見とその創成が研究の中心にあるのは当然のことである。20世紀の後半になるとこの分野での研究は飛躍的に発展し、数多くの驚くべき発見と優れた特性の物質が生まれた。ここではその中でも特に興味深く、社会にとって重要な貢献をしたものをいくつか紹介する。

新元素の合成

第 I 部で述べたように、19世紀の終わりの時点では、まだ元素がいくつあるのかすらわかっておらず、新元素を発見しようとする試みは精力的に続けられていた。周期表の完成と新元素の発見に大きな貢献をしたのは、モーズリーによる元素の X 線スペクトルの実験的な研究と量子論に基づいたボーアの原子論であった。モーズリーの研究でそれぞれの元素の原子番号が確定し、原子番号 79 までの元素で未発見のものの存在が明らかになった。1920年のボーアの周期表ではウランが 92 番の元素であり、43, 61, 72, 75, 85, 87 番の元素は発見されていなかった。93 番以後の超ウラン元素の探索は、ウランに重水素の粒子線を照射する手法が導入されて進歩し、1940年にはシー

ボーグらが、93番元素ネプツニウム（Np）を核反応で人工合成することに成功した。元々、これ以上分けることができず変化もしないものを‘元素’と定義してきたわけで、人間の手で元素を変えたことは、その根底を覆す画期的な成果であった。さらに、加速器を用いて高速の重粒子線を照射する手法が確立すると、5fの軌道に電子が入る一連の‘超ウラン元素’が次々に合成され、このシリーズ最後の元素、103番元素ローレンシウム（Lr）は1961年に合成された。その後も104番以降の新元素の合成がソ連、アメリカ、ドイツのグループにより試みられ、1996年までに112番元素までの元素が知られた。このようにして新元素の合成は続いたが、原子番号が大きくなるにつれて原子は不安定で寿命が短くなり、発生する確率も極めて小さくなって検出が難しくなった。101番のメンデレビウム（Md）の半減期は766分、102番のノベリウム（No）では2.3秒、109番のマイトネリウム（Mt）では3.4ミリ秒であった。21世紀に入っても新元素合成の試みは続けられ、日本でも理化学研究所の森田浩介らの研究チームにより、BiにZnイオンを照射して113番元素を合成することが試みられ、2004年に成功が報じられた。最近それが国際的に認められ、‘ニホニウム（Nh）’と名付けられて周期表に我が国の名が載ることになった。

超微細粒子（ナノ粒子）

　物質科学では、‘クラスター’は原子や分子の数個から数千個が集合した径が1 nm（1×10^{-9} m）程度の微粒子を示す用語として用いられている（図6-1）。‘ナノ粒子’はもっと広く1 – 100 nmくらいの大きさの粒子を表している。これらの超微細粒子は、原子、分子と通常の物質の間の大きさの領域にあって、特殊な性質をもつ物質として近年注目されてきた。粒子が小さくなるにつれて、体積が小さくなるが、表面の割合が大きくなることがナノ粒子の特徴であり、それによって触媒としての高い機能が現れることが多い。また、サイズが小さいために量子効果も顕著に表れ、優れた特性をもった物質の開発（ナノテクノロジー）への応用が期待されている。

　原子や簡単な分子がファン・デル・ワールス力や水素結合によって会合してできるクラスターは、一般に気体分子を希ガスに希釈して小さなノズルか

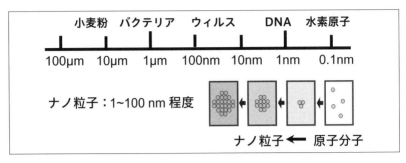

6-1　ナノ粒子の大きさ

ら真空中に噴出して生成するが、サイズの異なるクラスターは質量分析で選別でき、構造や性質を分光学的に詳しく調べることができる。たとえば、ベンゼンなどの芳香族分子に水分子が1個ついたクラスターの構造が研究され、水分子を1個ずつ付加させていくにつれて水素結合の様子が変化し、多様な安定構造が現れることが明らかになった。また、金属原子のクラスターの性質も特徴的であり、水銀原子のクラスターで原子数が200-300付近に金属−絶縁体の転移があること、マンガンのクラスターではサイズが大きくなるにつれて磁性の劇的な変化があることなど、特徴的な性質が次々と見つかった。

　クラスターイオン上でのメタノール分子の分解反応では、反応速度がクラスターのサイズに依存することが見出され、触媒作用との関連から注目された。特殊な触媒として期待されてきたものに金ナノ粒子がある。金の微粒子はサイズによって溶液の色が変わり、古くから教会のステンドグラスの着色などに利用されてきた。10 nm程度の金のナノ粒子が流体中に分散している金コロイド溶液は小さい粒子では赤色を示すが、粒径が大きくなるにつれて紫—薄青になる。金などの金属微粒子が化学反応の触媒として有効に働くこともわかっており、ナノ粒子はこれからますます重要なものとなるであろう。

有機金属分子と錯体

　19世紀にヴェルナーによって提案された**金属錯体の構造は、20世紀になってX線構造解析によって検証された**。白金、パラジウムの4配位錯体、

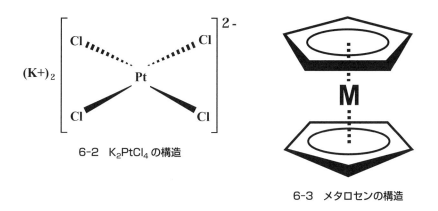

6-2 K$_2$PtCl$_4$ の構造

6-3 メタロセンの構造

K$_2$PtCl$_4$, K$_2$PdCl$_4$ は、4つの塩化物イオンの作る正四角形の平面の中心に金属原子が位置することが明らかになった。中心金属が2つ以上の結合で有機分子と結びついている Ni(NH$_2$CH$_2$CH$_2$NH$_2$)$_3$ のようなキレート化合物は極めて安定で、分析化学で利用されるようになった（図6-2）。また、生体関連分子のクロロフィルやヘミンは、ポルフィリン環にそれぞれマグネシウムや鉄が配位した化合物であり、酵素反応でもこのようなキレート化合物が関与している例が多く知られるようになった。

　これらの配位結合の本質的な理解も量子化学の進歩と共に進み、1931年にポーリングは、d軌道も含めた混成軌道の考えに基づいて配位結合を説明した。その後数々の理論的な提案がなされたが、金属イオンのd軌道と配位子の分子軌道の間の重なりと、それによる電子の非局在化を考慮した'**配位子場の理論**'が確立されて、**錯体の磁性や吸収スペクトルが合理的に説明されるようになった。**

　炭素原子と金属原子が直接結合する有機金属化合物については、グリニヤール反応剤やアルキルリチウム化合物など、有機合成で有用な化合物が20世紀の前半に数多く開発された。20世紀後半にはフェロセンのような新しいタイプの化合物や、チーグラー・ナッタ触媒をはじめとして有用な化合物が次々に発見され、有機金属化学は、有機化学と錯体化学が融合した分野として大きく発展した。メタロセン（((C$_5$H$_5$)$_2$M）は二つのシクロペンタジエニ

ル（CP）5員環のアニオンが金属カチオン（M）をサンドイッチ状に挟み込んだ分子で（図6-3）、MがFeのフェロセン（$(C_5H_5)_2Fe$）が1951年に初めて合成された。その翌年ウッドワードとウィルキンソンが、赤外吸収、磁化率、双極子モーメントなどと反応性の結果を考察して、右図に示すような構造を提案したが、ほぼ同時にエルンスト・フィッシャーらもX線構造解析からこれと同じ構造を提案し、一連のメタロセン化合物の研究が始まった。フェロセンの場合、鉄原子は+2の酸化状態で2価の陽イオン（Fe^{2+}）になっており、5員環は陰イオンで6π電子系となり、芳香族性をもって安定化している。2つの5員環はFe^{2+}と配位結合し、Fe^{2+}の6個の電子と合わせて18電子の希ガスと同じ電子配置をとって安定になっている。

　2種類の分子が会合して分子間化合物を作って、特徴的な性質を示す現象は古くから知られていた。たとえば、ヨウ素のエタノール溶液（ヨードチンキ）は褐色の色を示すが、これはヨウ素固有の色ではない。このような新たな光吸収帯の出現を、1952年にマリケンは'電荷移動錯体（CT錯体）'の遷移として説明した。CT錯体は、電子供与体（D）から電子受容体（A）へ電子が部分的に移動することによって系が安定化して生じるものであり、基底状態は$D^{\alpha+}A^{\alpha-}$（αは部分的な電荷移動量）で表され、CT吸収は基底状態から励起状態$D^{(1-\alpha)+}A^{(1-\alpha)-}$への遷移によると説明した。このような遷移によるCTスペクトルは、金属錯体も含めた多くの系で見つかり、**電荷移動の概念は、反応や物性に関わる多くの化学現象を理解するための重要なものとなった。**

新しい炭素分子

　炭素の単体としては、グラファイト、ダイヤモンドおよび無定形炭素が知られていたが、1985年に、カール、クロトー、スモーリー（1996年、ノーベル化学賞受賞）によってC_{60}、C_{70}などの中空の球または楕円球の炭素分子が発見され、'フラーレン'と命名されて大きな話題となった。彼らは真空中でグラファイトの表面に強力なレーザー光を照射して気体のフラーレン分子を生成した（レーザー蒸発）が、1990年にクレッチマーとハフマンがヘリウム雰囲気中でグラファイトの棒でのアーク放電を使ってC_{60}（図6-4）とC_{70}の大量合成に成功し、フラーレンの研究は急速に発展しはじめた。

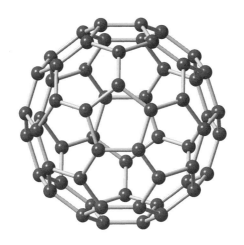

6-4　C_{60} の構造のモデル

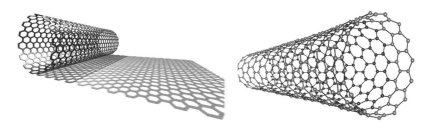

6-5　グラフェンシートとカーボンナノチューブ

さらに、C_{76}, C_{78} などの一連のフラーレンや金属内包のフラーレンが作られ、その構造や性質が詳しく研究されて、特にタッチパネルなどの IT 機器の素材として活用されるようになった。また、C_{60} は電子を容易に受け入れて陰イオンになりやすく、電子移動反応や触媒反応の研究においても C_{60} とその誘導体は広く使われるようになった。

　'カーボンナノチューブ（CNT）'は、炭素による 6 員環のネットワークで作られたナノメートルサイズのチューブであり（図 6-5）、1991 年に飯島澄

男がアーク放電での電極の堆積物中に見出して脚光を浴びた。CNT はグラファイト単層膜（グラフェンシート）を丸めて円筒状にした構造をしているが、グラフェンシートの幾何学的構造の違いで 3 種類の違ったものがあり、金属型や半導体型などの異なった性質を示す。CNT はその電気特性からエレクトロニクスへの応用が期待され、その引っ張り強度や弾力性から構造材料への応用の可能性も期待されている。'グラフェン'は、グラファイトの結晶から単層膜をはがすことで得られる 2 次元のシート状の炭素で、高い電気伝導度と熱伝導度で注目された。透明度が高く、強度が大きいので材料としての応用も期待されている。

b）特殊な電気伝導性

　物質の電気伝導体の研究は、固体物理学の主要分野のひとつとして始まり、戦後に半導体産業が発展すると、主として物理学者によって研究が進められた。その後、有機化合物の電気伝導性が見つかってからは、化学者による電気伝導性物質の開発が盛んになり、1985 年に酸化物高温超伝導物質の発見によって、多くの化学者が高温で超伝導を示す物質の開発に参入していった。1954 年、東京大学の赤松秀雄、井口洋夫、松永義大のグループは、ペリレン（図 6-6）に臭素を作用させて得られる錯体が高い電気伝導性を持つことを見出し、有機物でも導電体になり得ることを示して注目された。1973 年にフェラリスらによって TCNQ と TTF の電荷移動錯体（図 6-7）が金属的な伝導性を示すことが見出され、分子性の金属として脚光を浴びた。TTF-TCNQ の結晶では、それぞれの分子が +0.56 および −0.56 の電荷を持ち、同種の分子どうしが分子面を平行にしたカム構造を形成して、分子の積み重なりの方向に電子が容易に流れることが明らかになった。さらに、TTF の硫黄原子をセレンに置き換え、H をメチル基に置き換えたテトラメチルフルバレン（TMTSF）では、極低温での超伝導性が見出され、有機超伝導体が実現されて、この分野は飛躍的な発展を遂げた。フラーレン（C_{60}）を含んだ錯体では、33 K で超伝導体への転移が観測された。導電性の有機物の研究では、ポリアセチレンなどの高分子物質の導電性が応用との関連で大きな注目を浴び、その後の研究で導電性ポリマーなどが開発され、社会的な用途に広く用

6-6　ペリレン

TCNQ

TTF

6-7　TCNQ と TTF

いられている。

　極低温で電気抵抗がゼロに近づく超伝導は、1911 年にカマリング・オネスによって水銀で発見され、その後いくつかの物質でも見出されたが、超電導への転移温度は 1973 年に報告された NbGe 合金の 23 K が最高であった。また、超伝導は金属でしか起こらないと考えられていたのだが、1985 年にベドノルツとミュラーは、金属でないランタン・バリウム銅酸化物（$La_{1.85}Ba_{0.15}CuO_4$：図 6-8）の電気抵抗が 30 K 近傍から減少し 10 K 以下でゼロになることを見出した。図 6-8 はこれと同様な構造を持つランタン・ストロンチウム銅酸化物の結晶構造を示したものである。この結果は世界中で追試され、このセラミック物質が 35 K の転移温度をもつ高温超伝導体であることが確認された。これは、従来の超伝導の概念をくつがえす大発見で、世界の固体物理学者や固体化学者の間に高温超伝導体探索のブームを巻き起こした。もちろん、その推進力は広い分野での応用への期待であったが、高温超伝導体が金属、合金とは異なるセラミックスであって、これを従来の理論の枠内で説明できるかどうかの学術的な興味もあった。その後、イットリウム系の高温超伝導体の開発が続き、今では新しいタイプの高温超伝導体がい

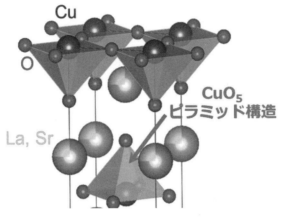

6-8　(LaSr)$_2$CuO$_4$ の結晶構造

くつも見つかっている。

　超伝導体は、電気抵抗がゼロなので非常に大きな電流を流すことができ、それ自体がとても有用で特殊な用途の科学機器に活用されているが、最も重要なのは超伝導電磁石である。これは、超伝導体のコイルに大きな電流を流して強力な磁場を発生させるもので、有機分子の分析に無くてはならない高分解能 NMR や最新医療に力を発揮している MRI ですでに活用されている。超伝導体の素材としては、転移温度が 10 K のニオブチタン（NbTi）が用いられていて、極低温を保つために液体ヘリウム（沸点 4.2 K）が必要である。しかし、2000 年に超伝導が発見された二ホウ化マグネシウム（MgB$_2$）を用いると 20 K で超伝導状態を保つことができ、機械的な冷凍機でよいので安全性が高い。重要な用途としては、リニアモーターカー（磁気浮上鉄道）があるが、これは超伝導電磁石を用いて車両を浮上させて移動するもので、摩擦による抵抗がないので高速走行をすることができる。他にも、がん治療用の重粒子線の発生、風力発電機、核融合炉など、強力磁場が必要な最新科学機器で果たす役割はますます大きくなると考えられるが、問題はこれらの超伝導物質がレアメタルを使用していることであり、現状では多量の伝導体物質を作ることができない。そこで、有機超伝導体をはじめとする新たな物質

の開発が進められているが、安価で丈夫で転移温度の高い超伝導体の創成は将来的に重要な材料化学の課題である。

c) 光と色の化学素材

　テレビやスマホ、パソコンのディスプレイなど、光学精密制御ができる化学素材の開発は現代の高度な文明に大きく貢献している。最近よく聞くのが‘液晶’と‘有機EL’のディスプレイであるが、これらは光を吸収したり発したりする物質を電気的に制御して、高速に画像を表示できるようになっている。液晶（liquid crystal）は、文字通り液体と結晶の中間の性質をもつ特殊な物質である。代表的な分子が安息香酸コレステリル（図6-9）で、液晶になれるのはこのように環状の固い部分と鎖状の柔らかい部分が細長くつながった構造を持つ極性の高い分子である。物質の状態としては基本的に液体と考えてよく、分子はある程度自由に動き回ることはできるが、細長い分子構造のためにひとつの方向に揃いがちになる。さらに、分子の中にO原子やCN基を持つものが多くて電気的な極性も高く、外部から電圧をかけることによって、分子整列の方向を変えることができる（図6-10）。分子は可視光を吸収するのだが、その強度は光の進行方向に対する分子の向きによって大きく異なる。これらの特性を巧みに利用して液晶ディスプレイが構成されているのだが、白色のバックライトの上に細かく分割されたピクセルに液晶分子を封入し、三原色（RGB）のフィルターで覆う。電圧がかかってないときには三色すべてのピクセルで光が吸収され、光が全く透過しないので黒く見える。青のピクセルにだけ電圧をかけると、そこの液晶分子の方向が変わって青色の光が透過するのでその点は青くなる。さらに、三色すべてのピクセルに電圧をかけるとすべての光が透過して白色になる。このピクセルを縦横に並べて電圧を制御すれば画像が表示される。液晶分子の整列の応答時間はかなり短いので、電圧を時間制御すれば動画をスムーズに見ることができる。

　液晶ディスプレイは高い性能を持つので開発されてから一気に普及したが、問題は液晶物質の劣化とバックライトによる電力消費であった。そこで、最近急速に広がっているのが‘有機エレクトロルミネッセンス（有機EL）’を

6-9　安息香酸コレステリルの構造

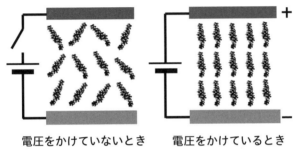

電圧をかけていないとき　　　電圧をかけているとき

6-10　電圧による液晶分子の整列

用いたディスプレイである。ペリレンのような比較的大きな芳香族有機分子は伝導性があって電流が流れるが、そのとき移動する電子によって分子が励起され、可視光を発することが知られている。これが、エレクトロルミネッセンス（EL）である。分子によって発光の色が部妙に異なるが、基本的にはRGB三原色の有機EL分子をピクセルに封入し、外部電圧をかけて電子を注入してやれば、液晶と同じように画像と動画を表示できる。有機ELでは、バックライトが不要で電力消費が小さく、電子だけの制御で正確に動作できるので、今後もますます需要は高まると考えられている。

　発光素材として忘れてならないのが'発光ダイオード（LED：Light Emitting Diode）'である。ダイオード（半導体）とは、電子が占有しているエネルギー準位（ほぼ連続になっていてバンドとよばれる）と空のエネルギー準位の間

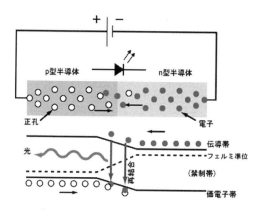

6-11　n型半導体とp型半導体とLED

にギャップがあり、わずかしか電流が流れないものである。電荷が動くキャリアとして電子を用いるのがn型半導体、電子が抜けた穴（正孔またはホール）を用いるのがp型半導体である。この2つを組み合わせてやると電子とホールがぶつかり再結合する（図6-11）。このときに可視光の光を放出するのがLEDであり、原理的には有機ELと同じで、電気エネルギーを光エネルギーに変換する素子である。

　20世紀の後半までは、LEDは赤色と黄緑色だけに限られていた。それは半導体のバンドギャップを大きくするのが難しかったからであるが、ガリウム窒素（GaN）を用いてそれに成功したのが赤崎勇博士と天野浩博士であり、1989年に論文を発表したが輝度が小さく実用には至らなかった。同じGaNで薄膜蒸着などの新しい手法で合成実験を繰り返し、輝度を100倍高くしたのが中村修二博士であり、開発研究をしていた日亜化学から、1994年に高輝度青色発光ダイオードが発売になった。三原色のLEDが揃ったことで白色の光を出すことができるようになり、LEDは飛躍的に普及して社会生活の中で活かされるようになった。交通信号、大型ディスプレイ、照明器具など、効率が高いので消費電力が少なく、発熱電球と違って寿命もはるかに長いので、光学素子としては理想に近い。開発した3人は、2014年のノーベル物理学賞を共同受賞した。

d) プラスチック

　有機分子を重合*させて高分子とし、樹脂と同じような性質を持たせた人工物質を'合成樹脂'または'プラスチック'とよんでいる。最初は半合成のプラスチックがニトロセルロースを用いて作られた。1862年にイギリスのパークスは、ニトロセルロース、アルコール、樟脳、植物油を混合して作った製品を「ザイロナイト」の商品名で売り出した。アメリカではハイアットがニトロセルロースと樟脳から作ったものを、1872年に「セルロイド」として商品化し、洋服のカラー、ナイフの柄、写真や映画のフィルム、ビリヤードの玉などに使われた。合成プラスチックの最初のものは、1909年にアメリカの市場に現れたベークライトである。ベルギー人のベークランドはフェノールをホルムアルデヒドに縮重合させて作った合成樹脂がどのような条件下で熱硬化性の成型用粉末になるかを明らかにしてベークライトを開発した。これは不透明で黒ずんだプラスチックであったが、成型が容易で、絶縁性も高く、成長期にあった電話や自動車、ラジオ産業にすぐに市場を見出した。

　1918年チェコスロバキアの化学者ヨーンはフェノールを尿素で置換し、ホルムアルデヒドと縮重合させて透明なアミノ樹脂を得ることに成功した。1930年代になってアクリル酸およびその関連化合物で得られる樹脂が開発され、メチル・メタクリレートの重合で得られる透明で熱可塑性のプラスチックは無機ガラスより軽い有機ガラスとして一大工業製品となった。スチレン、塩化ビニル、エチレンなどの重合で作られたプラスチックも1930年代に登場し、高分子化学の発展とともにプラスチック産業は第2次大戦後に急速に拡大して大産業となった。

　代表的なプラスチックのひとつがポリエチレンであるが、これはエチレン分子を重合させて500〜1000個くらい連結したものである（図6-12）。重合反応は通常は容易ではないが、特殊な触媒を用いたり、連鎖反応を促進したりして有効に起こすことができる。エチレンの場合は、気体を300℃、2000気圧に保ち、不対電子を持つ酸素化合物ラジカルを開始剤として加え

---

*　**重合反応**　数多く（〜1000）の二重結合を持つ有機分子を、一気に結合して高分子を作るのを重合反応という。ほとんどの場合、適切な触媒を使うと高い効率で重合反応が起こる。

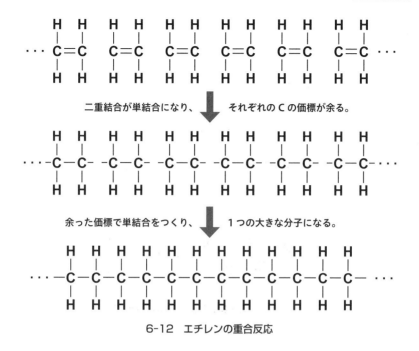

二重結合が単結合になり、　それぞれの C の価標が余る。

余った価標で単結合をつくり、　1 つの大きな分子になる。

6-12　エチレンの重合反応

ると瞬く間に重合が完結する。反応の条件によって生成するポリエチレンの性質が異なることも知られているが、これはポリエチレンにおける C–C 結合の枝分かれによっている。C 原子は 4 つの結合を持っているので、重合は直鎖的に起こるばかりでなく、枝分かれも起こる。通常の条件では、枝分かれが多く透明で柔らかい低密度ポリエチレン（LDPE：図 6-13）ができやすいが、ツイーグラー・ナッタ触媒を用いると、枝分かれの少ない不透明で少し硬い高密度ポリエチレン（HDPE）ができるようになる。他にも、加熱すると柔らかくなって成型が容易になる熱可塑性プラスチックとしては、ポリ塩化ビニル（PVC）、ポリウレタン（PUR）、アクリル樹脂（PMMA）、加熱すると硬くなる熱硬化性プラスチックとしては、フェノール樹脂（PE）、エポキシ樹脂（EP）などがあり、原料の分子を少しずつ変えて、さまざまな特性のプラスチックが開発されている。飲料の容器として使われているポリエチレンテレフタル酸（PET：PolyEthylene Terephthalate：図 6-14）はベンゼ

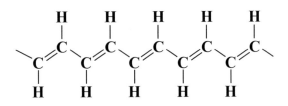

$$-CH_2 \begin{bmatrix} CH_2-CH_2 \end{bmatrix}_w \begin{matrix} | \\ CH_2-CH_2- \end{matrix}$$

6-13　低密度ポリエチレン（LDPE）での枝分かれ

6-14　ポリエチレンテレフタル酸（PET）

6-15　トランス−ポリアセチレン

ン環を持つフタル酸とエチレンを1対1で重合させたもので、かっちりとした構造をもつベンゼン環と熱に耐性のあるカルボキシル基を導入して、硬くて高温にも強いプラスチックになっている。

　電気伝導性プラスチックの開発は、1977年に白川英樹、マクダイアミッド、ヒーガー（2000年、ノーベル化学賞受賞）によってヨウ素を微量混入したトランス−ポリアセチレン（図6-15）の高分子が金属に匹敵する電気伝導性

を持つことが発見したことから始まった。その後、ポリピロール、ポリアニリンなど多くの優れた高導電性のポリマーが創り出され、ATMなどの透明タッチパネル、電解コンデンサ、リチウム電池の電極、有機発光体（EL）などへ応用されている。

e) 界面を探って新たな物質を創り出す

　近代的な表面化学は、20世紀の最初の四半世紀にラングミュアによって開拓されたが、表面の状態や反応の原子・分子レベルでの研究は1960年代まであまり進まなかった。その大きな理由は、表面の状態や構造を原子・分子レベルで観察し制御する手段がなかったからである。この状況は1950-1960年代に高真空下で固体表面を観測する技術の出現と新しい顕微分光法の出現で大きく変わり、表面の研究は物理、化学、工学の広い分野にまたがる「表面科学」が出現した。

　1960年代には、低速電子線回折（LEED）の技術が表面研究に導入され、単結晶の表面の構造が原子レベルで研究できるようになり、白金など触媒として使用される金属の表面構造と反応性との関係が明らかとなった。表面に吸着した分子の結合の強さは、温度を上げたときに分子が脱離する振る舞いを観測すればよい。そこでは、ファン・デル・ワールス力のような弱い力で表面と結合する物理吸着と、共有結合で分子が表面の原子と結合する化学吸着が明瞭に区別され、新たに開発された電子エネルギー損失分光（EELS）によって、吸着分子の結合状態や構造が明らかにされるようになった。1980年代には、'走査トンネル顕微鏡（STM）'の出現で表面の原子配列から電荷密度の濃淡までを視覚化されるようになり、表面の研究は極めて活発な研究分野となった。原子の大きさ（~1 nm）と同じ程度の細い針（探針）を試料の表面に近づけると、表面の原子と探針の間にトンネル電流が流れる（図6-16）。これは、表面の原子からの電子の波動関数のしみ出しによるもので、電流の大きさは探針との距離に依存する。探針を表面上で細かく動かしながらその電流の大きさを記録すれば表面の構造を画像にできる。これがSTMであり、シリコン結晶の表面での原子の配列を明確に見ることができる（図6-17）。

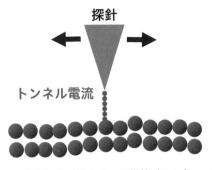

6-16　走査トンネル顕微鏡（STM）

6-17　シリコンの表面のSTM画像

　表面反応研究の代表例として、ハーバー・ボッシュ法によるアンモニア合成反応における鉄触媒作用のメカニズムの研究がある。鉄触媒を用いて、窒素（N_2）と水素（H_2）からアンモニア（NH_3）を合成する反応では、まずN_2分子が鉄表面で解離して表面上にN原子が生じ、これが同じく鉄表面でH_2分子が解離して生成したH分子と段階的に反応し、NH, NH_2を経て最後にNH_3となり、気相に脱離することが示され、各々のプロセスのエネルギー

変化が実験的に決定された。

　界面の状態を分子レベルで観測する技術にも、近年大きな進歩がみられる。レーザー分光のひとつに非線形分光があるが、2次の非線形効果を利用する'和周波発生分光法'は、表面・界面の分子を選択的に観測できる分光法として現在最も注目されている手法である。2次の非線形効果は、反転対称性を持たない表面・界面の反応では顕著に表れることが予想され、実際に超短パルスレーザーを用いた非線形分光法によって、表面における分子の配向や反応の機構などの解明が進んでいる。

7 有機分子と生命の化学

　20世紀後半において、有機合成化学は驚くべき発展を遂げ、有機化学は日本の化学研究の中心分野のひとつになっている。現在では、欲しいと思う性質を持つ分子がほとんど合成できる段階に近づいていて、さらに今後の研究の発展も大いに期待される。ここでは20世紀の後半に達成された有機合成法の進歩についてハイライトをいくつか紹介し、現在の有機化学の概要とこれからの可能性について考えてみたい。

a) 有機合成法の飛躍的な進歩

　20世紀の前半には多くの新しい有機化合物の合成法が開発され、開発者の名前をとってよばれた。その中で特に一般性が高くて重要なものに、1928年に開発された'ディールズ・アルダー反応'（図7-1）がある。この反応は環式化合物の合成や共役ジエン類の確認や各種の重合反応の開発に大きく貢献したとても重要なものである。20世紀の中頃には、さらに多くの有機合成反応が開発され、ブラウンによって開発されたヒドロホウ素化反応の有機合成への利用や、ヴィッティヒによる有機リン化合物を用いるオレフィンの合成反応がノーベル化学賞の対象となった。

　20世紀の後半になると有機合成の研究は産業界も含めて非常に大きな規模で行われるようになったが、開発された有機反応の多くは新しい触媒を利用した合成法であった。自然界に存在する化合物の多くは鏡像異性体*を有する'キラル'な化合物である。キラル分子というのは、対称性がまったくなく、右手と左手の関係にある立体構造をもつ2つの異性体が存在する分子のことであり、典型的なキラル分子として乳酸がある**。2つの異性体は構造や性質はまったく同じであり、それらを分別することは難しく、通常では同

---

* **鏡像異性体**　キラル分子は光の偏光を回転させることが知られているが、異性体によって偏光回転の方向が逆になるので、これを'光学異性体'ともよんでいる。
** 第I部、5章参照

7-1　ディールズ・アルダー反応　　　　　7-2　BINAP の構造

じ量の混合物（ラセミ体）しか得られない。野依良治は、BINAP（図 7-2）のような特殊な触媒を開発してそのうちのひとつだけを選択的に合成できる方法を見出した（2001 年、ノーベル化学賞受賞）。このキラル分子は、生命にとっては極めて重要であり、多くの組織や化学反応でその立体構造の選択性が巧みに利用され、高度で複雑な生命機能を維持している。核酸やタンパク質などの生体高分子は皆キラルな化合物であり、一対の鏡像異性体は他の鏡像異性体と異なった相互作用をもつので、生体は生理活性物質の鏡像異性体を別々の化合物として認識している。そのため、医薬品や農薬の合成では、一方の鏡像異性体だけを選択的に合成する‘不斉合成’が重要になる。

　1968 年にノウルズは、ロジウム錯体（ウィルキンソン触媒）の配位子をキラルなホスフィンに置き換えた不斉触媒を用いて、一方の鏡像異性体を選択的に合成する可能性を示した。野依良治のグループは、キラルジフォスフィンを配位子とするロジウム錯体を触媒にして、アミノ酸の不斉化反応で 100% に近い収率で一方の鏡像異性体だけを合成することに成功した。野依良治は、さらにロジウムおよびルテニウム錯体を用いて、種々の官能基の高効率の不斉還元を開発した。一方、シャープレスらはチタン錯体の不斉触媒を用いてアリルアルコールをキラルなエポキシドに変換する反応を開発し、多くの不斉化合物の合成への道を開いた。

　有機化合物は炭素原子間の結合がその基本であるから、二つの反応分子間に選択的に新しい C–C 結合を作る‘クロスカップリング反応’を開発することは、多くの化学者が挑んだ有機合成化学の重要な課題であった。このタイ

7-3　メタセシス反応

プの反応でも遷移金属錯体を用いる合成法が発展したが、1972 年にヘック
はパラジウムを触媒としてハロゲン化炭化水素（RX）とオレフィンなどをカッ
プルさせるヘック反応を開発し、パラジウムが有機合成反応の触媒として有
効であることを示した。

$$RX + H_2C \rightarrow CHR' + Pd 触媒 \rightarrow RHC = CHR'$$
（R, R' はアリル、ビニル、アルキル基など）

　この反応では、まず RX が Pd と反応してパラジウム錯体（RPdX）を生成
し、そこから反応が進む。根岸英一は、オレフィンの代わりに有機亜鉛化合
物をハロゲン化物と反応させる'根岸反応'を開発した。鈴木章と宮浦憲夫は、
有機ホウ素化合物を用いるとこの反応がより温和な条件下で起こることを発
見した。有機化合物は炭素原子が結合でつながって分子の骨格をなしている
のだが、実際には C-C 結合を作るのは容易ではなく、任意の構造をもった
分子を得るには、特殊な触媒を用いた合成法が必要である。その有力な方法
が'クロスカップリング'であり、ヨウ素やロジウムを含む特殊な触媒が開
発され（鈴木　章、根岸英一、2010 年、ノーベル化学賞受賞）、現在でも多
くの有用な有機化合物の製造に利用されている。
　'メタセシス反応'とは、2 種類のオレフィン間で結合の組み換えが起こる
触媒反応である（図 7-3）。この反応は、天然物合成をはじめとして多くの

合成過程で極めて有用であったが、そこでは金属錯体が触媒として重要な役割を担っており、その後も有効な触媒の探索が中心課題となっている。

b) 超分子

　イオン結合、水素結合、ファン・デル・ワールス結合、ドナー・アクセプター結合など、通常の共有結合より弱い力で結びついて生じる超分子と呼ばれる分子の化学が20世紀の後半に登場した。そのきっかけになったのは、ペダーセンによるクラウンエーテルの発見であった。1962年にペダーセンは金属イオンを取り込む能力をもつ6座配位子の大環状エーテルを見出した。彼は一連の大環状エーテル（図7-4）を研究し、これらをクラウンエーテルと名付けた。この研究に続いて多座配位子をもつ分子がレーンのグループにより開拓され、イオンを強く取り込むかご型の分子が開発された。クラウンエーテルは金属のカチオンだけでなく、有機物のアニオン、カチオン、中性の小分子に対しても取り込みに選択性を持ち、その研究成果は、イオンの選択的分離と抽出、イオン選択電極とカチオン・センサーの開発、触媒活性などに応用された。この分野は今でも、分子認識、人工酵素、人工光合成、分子センサー、分子機械などの多岐な研究分野にわたる学際的な分野として発展しつつある。

　理論物理学者のリチャード・ファインマンは1959年に「そこには多くの余地がある」と言って、原子からなる微小な分子機械を構築する可能性に言及した。分子機械の構築には、部品となる多数の分子のブロックの作成とそれらを連結して制御する機構の開発が不可欠であるが、その一歩として、まず図7-5に示すような二つの分子の輪が互いにロックされた構造のカテナン分子がソヴァージュによって合成された。この超分子では、2つの大きな環状分子が噛み合った形になっていて、途中にイオン性の官能基を入れたり、環の中に金属イオンを挟んだりすると、酸化還元反応によって、輪の部分が回転する。この機能が確かめられて'分子モーター'とよばれた（図7-5）。ロタキサン（図7-6）は、ストッダートによって合成されたが、O原子で結合された直線上の分子が環状の分子を貫通している。この輪は直線上を移動することが確認され、この超分子は'分子シャトル'とよばれた。直線状の

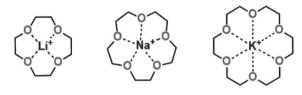

7-4　金属イオンを取り込んだ環状エーテル

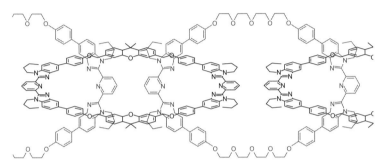

7-5　ポリ (n) カテナン（分子モーター）

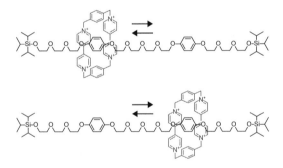

7-6　ロタキサン（分子シャトル）

分子に芳香族分子を挟んでおくと、そこでブレーキをかけることも可能である。高度な分子機械を発明した 2 人は、2016 年のノーベル化学賞を受賞した。

c) 天然物を合成する

19世紀の終わりから20世紀の前半にかけて、有機化学は着実な進歩を続け、かなり複雑な有機化合物が合成できる段階にまで達したが、それと同時に天然有機物の合成も大きく進んだ。1917年、ロビンソンはアルカロイドの一種であるトロピノン（図7-7）を合成して注目を浴びたが、より複雑な天然有機物の合成は1930年頃からヨーロッパで始まった。1931年、カラーは鮫の肝油から取れるスクアレン（$C_{30}H_{50}$）を合成し、1934年にはビタミンB_2（リボフラビン：$C_{17}H_{50}N_6O_2$）（図7-8）の合成にも成功した。

第二次大戦後は天然物合成の研究の中心はアメリカに移り、ウッドワードやコーリーに先導されてさらに目覚ましい発展をした。ウッドワードは1950年代にコレステロールやコルチゾン、レセルピン、ストリキニーネ（図7-9）と次々に合成し、1960年には光合成色素のクロロフィル、1962年に抗生物質のテトラサイクリン、1972年にはビタミンB_{12}（シアノコバラミン：

7-7 トロピノン

7-8 リボフラビン（ビタミンB_2）

7-9 ストリキニーネ

7-10　パリトキシン

$C_{63}H_{88}CoN_{14}O_{14}P$）の合成に成功した。ウッドワードの合成法は、該博な知識と反応機構についての深い洞察に裏付けられて周到に計画されたものであった。

　コーリーは逆合成解析の概念を導入して複雑な生理活性物質を合成する方法論を開発した。これは多段階の合成において、目的とする化合物を単純な構造の前駆体へと切り分けることによって合理的な合成経路を見出そうとするものであった。天然物有機化学は現在も活発な研究が続いている分野で、さらに複雑な化合物も多く合成されており、代表的な例としてハーバード大学の岸義人によって合成されたパリトキシン（海産毒種の一種：図7-10）などがある。

　生化学的に重要な化合物であるポリペプチドの合成は、20世紀の初めにエミル・フィッシャーによって始められ、それ以来多くの試みがなされた。1962年にメリフィールドは新たに‘固相重合法’を開発し、これによってポリペプチドの合成はかなり容易なものとなった。固相合成法はその後核酸の合成でも威力を発揮し、遺伝子操作技術の発展にも大きく貢献している。

d) RNA と DNA の構造と働き

　化学的な観点から複雑な分子の構造を決定することが生命現象の解明に果たす役割はとても大きいのだが、その典型的な例が RNA と DNA の2つの核酸であろう。DNA が遺伝情報の伝達の担い手であることは 20 世紀の中頃にはわかっていたが、それが二重らせん構造を取っていることは、X 線回折による結晶構造解析によってはじめてわかった。ロザリンド・フランクリンは、DNA 結晶の X 線回折像のデータを 1952 年にレポートにまとめ、二重らせん構造を示唆した。それを見たモールス・ウィルキンソン、ジェームズ・ワトソン、フランシス・クリックは考察を加え、「DNA は二重らせん（double helix）構造を取っている」と提唱した（1962 年、ノーベル生理学・医学賞受賞）。

　RNA と DNA は類似した構造を持っているが、生体での役割はかなり異なる。DNA は糖分子でできたひも状の骨格が二重らせんとなり、その間で拡散塩基が水素結合を形成して、2 本のひもを絡み付けている。DNA の核酸塩基は、アデニン（A）、グアニン（G）、シトシン（C）、チミン（T）の4つであり、立体構造の違いによって、A-T、G-C 間だけにしか水素結合ができない。この選択性によって塩基の配列を複製することができ、遺伝情報を伝達していると考えられる。そのため、DNA 自体はかなり安定で、pH の変化や他の物質による攻撃にも比較的強く、遺伝情報を保持していると思われる。

　これに対して、RNA は二重らせんの一方だけから成っており、DNA の糖の部分の H 原子が OH 基に置き換わっている。さらに、チミンの代わりにウラシル（U）が使われていて、RNA 全体としては反応活性が高くなっている。RNA は DNA から読み取った情報を翻訳し、これをリボゾームというところに取り込んでたん白質の合成などの機能を果たしている。RNA には、他にも伝令、運搬、酵素活性など多くの役割を果たしているものが知られているが、それぞれの分子構造は X 線結晶解析によって明らかにされている。最近開発されたクライオ電子顕微鏡によって、このような生体分子の立体構造を直接見ることができるようになった。X 線結晶構造解析と匹敵するほどの分解能を持つようになって、これからは2つの方法を駆使して、多くの生体機能の解明がより急速に進むであろうと期待されている。ゲノムとは、

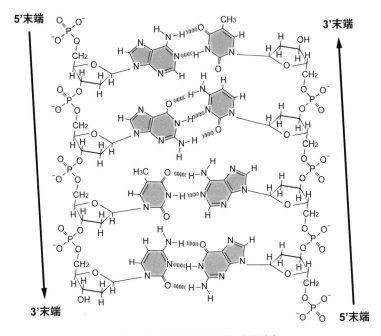

7-11　DNA での核酸塩基と水素結合

DNA に書き込まれているすべての遺伝情報のことである。ただし、DNA に含まれている情報は 2 重らせんを結びつけている 4 種類の核酸塩基の配列であり、それが何を意味するのかはまだわかっていない。4 種類の塩基のうち、水素結合できるのは T–A、C–G だけであるが、これはそれぞれの分子構造によっており、チミンとアデニンは水素結合できるのが 2 か所、グアニンとシトシンは 3 か所、しかもその間の間隔や配置が違っているので、ほぼ間違いなく結合の相手を選択できる（図 7-11）。よく「鍵と錠前」といわれるが、この選択性を考えてみても、情報の種類はごく限られたものになっている。それでも、ヒトの DNA の塩基配列の数は全部で 60 億対で全体としての情報量は膨大であり、その配列の中に組織や形状発生、その他諸々の遺伝情報が書き込まれていると考えられる。

　この配列をすべて読み取ろうという'ヒトゲノム計画'は、米国で 1995 年

```
……… GGTCATAACCAGGTCC ………
……… AGGTCATAACCAGGTC ………
……… CATAACCAGGTCACCG ………
……… TCCGATAGGTCATAAC ………
……… AGGTCATAACCAGGAT ………
……… AGGTCATAACCAGGTC ………
……… AGGTCATAACCAGGTC ………
……… AGGTCCGATAGGTCAT ………
……… AACCAATAACCAGGTC ………
```

7-12　ヒトの遺伝子配列の一部

に発足し、各国のゲノム関連研究施設の協力によって 2003 年に完了した。当時は高分解能 NMR が主な方法であったが、レーザー照射による蛍光分析によって解析効率が飛躍的に上がり、全配列の 99% 以上を正確に読み取れたと考えられている。その中のどれくらいが遺伝情報に関与しているのか、それぞれの配列がどのような機能を司っているのかなどは、これから研究を継続して進めなければならないが、読み取った配列自体は現在でも遺伝や発生の基礎研究、難病の治療などに応用されている。

COLUMN **6**　ロザリンド・フランクリンと DNA の構造解明

　ロザリンド・フランクリンは 1920 年に裕福なユダヤ系の銀行家の娘としてロンドンで生まれた。子供の頃からその利発さは際立っており、また気性の激しさも明らかであった。11 歳の時から厳格な教育で知られたセント・ポール女学院で教育を受け、数学、物理学、化学の基礎をきちんと学び、18 歳でケンブリッジ大学のニューナム・カレッジに入学した。そこで、物理学、化学、数学、鉱物学を勉強し、物理化学を専攻して大学院に進んだ。しかし、物理化学の主任教授の与えたテーマに失望し、大学院での研究生活は順調でなかった。1942 年の 8 月に新設された英国石炭利用協会で石炭の種類によってガスや水を通し難くなるのはなぜかという問題に取り組み、1945 年に学位を取得した。

　親交があったフランス人科学者アドリエンヌ・ヴェイユの紹介で、パリの国立中央化学研究所から職のオファーを受け、そこで X 線回折の技術を習得して、加熱によって黒鉛に変化する石炭とそうでない石炭との基本構造の違いを解明する研究を行い、大きな成果を上げた。パリでの生活は彼女にとって大変楽しかった。研究は順調だったし、楽しい友人たちに囲まれて、ランチには物理・化学校の近くのレストランで議論を楽しんで人生を謳歌した。

　ロンドンのキングス・カレッジのランドル教授の元で特別研究員に採用され、DNAの X 線構造解析の仕事をすることになって 1950 年の暮に母国のイギリスに戻った。しかし、色々な誤解と性格の違いもあって DNA 構造解析のグループリーダーであったウィルキンスと気まずい関係になり、ここでの研究生活は楽しいものではなかった。それでも研究は進み、DNA の構造に A 型と B 型の二つがあって、その二つは周囲の湿度によって変化することを見つけた。ウィルキンスは彼女に共同研究を提案したが、DNA の X 線構造解析は自分の仕事と考える彼女は激怒し、2 人の関係はますます険悪になった。ランドルの仲介で、フランクリンは A 型の研究に、ウィルキンスは B 型の研究に集中する協定を結んだが、A 型と B 型は相互に変換可能なのでこの協定はあまり意味がなく、彼女は長時間の X 線照射で B 型がラセン構造を示す素晴らしい写真を撮った。

　ケンブリッジではワトソンとクリックがモデル作りから DNA の構造解析に挑んでいた。これは、ポーリングがタンパク質の構造解明で成功したアプローチである。しかしモデル作りだけから構造決定はできない。モデルの正しさを証明する実験データが不可欠である。実際ワトソンとクリックの最初のモデルはお粗末で、フランクリンから厳しく批判されたが、彼らは 2 重ラセンの新しいモデルを考案した。ある時キングス・カレッジを訪れたワトソンに、ウィルキンスはフランクリンに無断で彼女が撮った B 型 DNA の回折写真を見せた。この写真を見てワトソンは即座に DNA が 2

重ラセン構造をしていることを確信した。

　こうして 1953 年 4 月 25 日の Nature 誌に、DNA の構造に関する三つの論文が同時に掲載された。第一論の文はワトソンとクリックによる DNA の 2 重ラセンモデルの提案、第二の論文はウィルキンスらによる DNA のラセン構造を示唆する X 線構造解析についての論文、第三はフランクリンらによる DNA の 2 重ラセン構造をサポートする X 線構造解析の結果についてであった。1962 年にワトソン、クリック、ウィルキンスの 3 人はノーベル生理学・医学賞を受賞した。フランクリンは 1958 年に 37 歳の若さでガンのために亡くなり 1962 年のノーベル賞の対象にはならなかった。

　キングスでの職は 3 年の予定であったが、彼女は居心地の悪いキングスから早く逃げ出したいと願い、バナールの計らいで 3 年目はバークベック・カレッジのバナールのグループに移った。ここで彼女はウィルスの構造解析で成果を上げた。彼女の共同研究者であったアーロン・クルーグは後にノーベル化学賞を受賞した。

 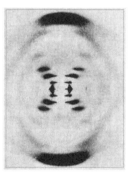

第 III 部
化学の応用と社会

　化学は自然科学の中でも最も人間の生活に関わりの深い学問分野であり、基礎と応用が密接に結びついている領域でもある。化学の応用の発展によって人類は物質的な豊かさや利便性、健康的な生活を手に入れた。身の回りを眺めてみれば、今の我々の生活がいかに化学の成果の応用の上に成り立っているかを容易に理解できるであろう。21 世紀に入ってからの化学の進歩には目覚ましいものがあったが、そこには高度な近代社会への応用という大きな流れがあった。第 II 部で示したような時代の先端を行く研究分野では、社会が発展するために必要な化学への要請があり、多くの化学者の努力によって実を結んできた。そこで欠かせなかったのが巧みな「ものづくり」であり、さまざまな特性や機能を持った新物質がわが国でも数多く創り出されてきた。しかし、化学の発展は人類に恩恵だけをもたらしたわけではない。学問としての化学それ自体は善悪とは無関係であるが、化学の発展と応用が人類の福祉や幸福にマイナスの影響を及ぼした例が多々あることは、歴史を振り返ってみれば明らかである。資源の乱用、廃棄物、有害物質汚染、環境破壊など、我々はこれらの問題を真摯に受け止め、研究の成果を人類の福祉と幸福のために役立つものにするにはどうすべきかを常に考えなければならない。そこには、経済優先の化学産業や人間の倫理の欠落など、社会が高度で複雑になったがゆえの問題もあり、それらを一気に解決する手立ては今のところ見つかっていないが、これから化学をどのように進めていけばよいのだろうか。一人一人がしっかり現状を理解し、化学と社会の未来について考えてほしい。

1 近代文明は物質に支えられている

　いま我々が生きている現代社会は、多様な化学物質によって支えられている。人間の願望を満たすために化学は必要で、快適な生活ができる社会を実現するために多くのものが作られてきた。我々の夢を形にできるのは、用途に応じた特性を備え持つ物質があればこそのことである。こうして作られた社会を理解しようとすると、まずは化学の基礎を学ばなければならない。

　実際に、近代都市ではどのような物質を使っているのだろうか。建物、交通システム、電気や水の供給ラインなど、鉄やコンクリートなどの素材を巧みに使って、都市機能を維持している。アメリカや中国の大都市を訪れると、超高層ビルが立ち並んだメトロポリスがあって圧倒される。しかし、それ以上に驚かされるのは、コンピューターを使った自動システムとそれに支えられた複雑な人間の生活環境である。現在は、一人一人がパーソナルコンピューターを持ち、いつでもどこでも通話や情報収集ができるようになっている。そのベースとなっている IT 機器には、シリコンなどの半導体、金属元素を含む無機化合物、ディスプレイやパネルに使う液晶や有機 EL などが使われており、新たに開発された化学物質なしには現在の高度な社会は成り立たない。

　食品について見てみると、最近は何らかの形で加工を施されたものが少なくない。大量に生産して遠隔地に運ぶ必要があるので、腐敗や劣化を防ぐために熱処理をしたり添加物を加えたり、包装にも特殊なプラスチックを使って、全国のあらゆるところに供給されている。国内の農業で生産された食品の中には天然のままのものも少なくないが、我が国の食糧自給率は 40% ほどであり、輸入された食品については何らかの化学的な操作がなされていて、その品質管理をどうしたらいいかもこれからの課題である。

　エネルギー供給にも化学物質は欠かせない。今の日本では、発電の主力は化石燃料であり、火力発電所で得られた電気が送電線を伝って各地に送られている。導線として使われているのはプラスチックで被覆された銅線であり、それを支える鉄骨など、エネルギーを供給するのにも多くの種類の化学物質

が必要となっている。

　健康と医療については、医薬品として多くの有機化合物が処方されているし、それを保存する包装や容器にはさまざまなプラスチックが使われている。今はほとんどが使い捨てで用いられているが、実はこれら医療用の消耗品の原料は石油である。医療は止められないのでそれらを作らないわけにはいかないが、石油は車の燃料として大量に消費されていて、将来的に医療用品のための原油の確保は大きな課題である。また、プラスチックごみの問題が深刻となる中、リサイクル、リユースを考えることも大事なのかもしれない。それは我々が普段使っている家庭用品や日用品についても同じであり、健康維持、長寿人生のために、資源を大切に使っていくことは必須である。

a) 化学産業の果たす役割

　今の社会の主だったところを見ても、化学物質の重要性は容易に認識できる。しかし、それぞれの用途で最適な選択ができているか、最適なものが現実に開発できているかは疑問である。社会への応用を考えれば、化学企業が大きな役割を果たしてきたのだが、根底には種々の化学物質を製造販売して利益を得るという大目的があるので、経営方針として社会のニーズが優先されてしまう。するとどうしても、化学工業的倫理や地球環境問題とは相反することが出てくる。基本的には、限りある資源が枯渇しないように、また環境が破壊されないように、持続可能な化学物質の製造システムを構築しなければならないのだが、現実にはコストがかかる、競争に勝てないという理由でその理念が疎かになりがちである。

　特に我が国は資源が乏しく、化学製品の原料は輸入に頼っている。一度争いが起ころうものなら、我々の化学産業はたちまち危機に陥ってしまう。貴重な物質資源を大切に使い、リサイクル、リユースを積極的に進めなければならないのだが、実現するのはなかなか難しい。その要因は、多くの種類の元素が混じった混合物から単一純物質を取り出すのに大きなエネルギーと多くの化学処理過程を必要とするからである。化学製品を実際に使用すると、どうしてもいくつかの物質が混じってしまう。これを分離精製してリユースするのに大きなコストがかかってしまい、単一物質の原料を新たに購入した

ほうが安上がりになる。しかし、これでは将来的に資源が不足して価格は高騰し、経営が成り立たなくなるのは明らかである。利益優先と資源の再生は相反する化学企業のジレンマであるが、長く持続する社会を作っていくためには、必ず解決しなければならない大きな課題のひとつである。

　我が国の化学産業が発展できたのは、資本主義に基づく第二次世界大戦後の経済システムがうまく適合していたからであろう。新しいものを創り出すときに品質と価格を含めた自由競争は少なからず必要である。また、化学物質は多様性に富んでいるので、どのような規模や形の資本でも対応できるし、さまざまな特色を持った企業が競争に参入できる。化学物質に対する社会的ニーズは無くなることはないから、化学産業はこれからも資本主義経済の重要な部分を担っていくのであろう。ただ、しばしば問題になるのが、過度の競争で本来の適切な対応ができず、たとえば価格を抑えるために品質を落としたり、環境に良くない物質を除かなかったり、経費を抑えるために廃棄物処理義務を怠ったりというのがよくあるケースである。そのような問題が起こらないように、行政が規制をしたり法律を定めたりしてはいるのだが、基本的には各企業のモラルが大事であり、持続できる社会を物質から支えていくために、化学における工業倫理はとても重要である。

b）アンモニアの合成が近代社会を築いた

　植物の成長に肥料が有効であることを、人間は古くから知っていた。15世紀頃のインカ人は鳥の排泄物でできた'グアノ'が有効な肥料であることを知っていた。1804年にフンボルトはグアノの見本を持ち帰り、それが窒素、リンを含んでいることを突き止めた。19世紀の中頃には、植物の成育とリン、窒素、カリウムなどの元素との関係が知られるようになり、肥料産業が発展し始めた。1857年にはアメリカの化学者ピューによって、土壌中のアンモニアが植物の生育に重要なことが示され、硫酸アンモニウムの生産は重要な産業となった。19世紀の後半、産業革命後のヨーロッパでは人口が増大し、食糧生産のための肥料の需要が急速に高まった。しかしながら、当時のアンモニア生産量では増大する需要に対応できず、新しいアンモニア源を見出すことが喫緊の課題となった。

　20世紀の初めには、窒素と水素を直接反応させてアンモニアを得る可能性に関して、ル・シャトリエ、ネルンストらの著名な化学者が研究を行っていたが、アンモニアの合成に最初に成功したのはドイツ、カールスルーエ大学のフリッツ・ハーバーであった。ハーバーは物理化学に基づいて応用的な問題を解決することに興味を持っていた。ル・シャトリエの法則は、平衡は状態の変化を打ち消すように移動するというもので、

$$N_2 + 3H_2 \Leftrightarrow 2NH_3$$

の平衡反応では、圧力を上げ温度を下げると NH_3 の生成に有利になる。しかし低温では反応速度が著しく遅くなるので、アンモニアを有効に作るためには適切な触媒が必要であった。1909年、にハーバーは助手のル・ロシニョールと一緒に、オスミウムを触媒として175気圧、550℃でアンモニアの合成に成功した。ハーバーと協力関係にあったBASF社は冶金学者のボッシュと触媒の専門家のミタ―シュをカールスルーエに派遣し、ハーバー法によるアンモニア合成の工業化に乗り出した。工業化には高温、高圧に耐える反応装置と安価で効率の良い触媒の開発が必要であったが、BASF社は反応装置には炭素含量の少ない特殊鋼を用い、効率の良い鉄触媒（最初は鉄鉱石が用いられた）を開発して、'ハーバー・ボッシュ法' とよばれる方法で1913年に工業化に成功した。合成に必要な水素は水蒸気をコークスと反応させて得た水性ガスから（改質）、窒素は液体空気の分留から得られた。この方法は、「水と石炭と空気からパンを作る方法」といわれ、人類を救った代表的な化学反応のひとつである。これで食糧問題は解決し、その後ヨーロッパ諸国の人口は大きく増加することになるが、アンモニアの大量生成は、そのためだけではなく、当時のドイツにとっては爆薬を作るための硝酸の原料としても重要だったのである。1914年に第一次世界大戦が始まり、ドイツ国家の支援を受けたBASF社は生産を拡大し、1918年には年間20万トンもの合成アンモニアを生産した。ハーバーは1918年に、ボッシュは1931年に、ノーベル化学賞を受賞したが、「平和時には肥料を、戦時には火薬を作る」とも言われるようになったハーバー・ボッシュ法は功罪ともに大きくて、その意義につ

いては今でも議論が続いている。ただ、化学の研究が社会にどれだけ大きな影響力を及ぼすかを示す典型的な例であることは間違いない。ハーバー・ボッシュ法は今でもアンモニア合成の主力であるが、地球温暖化に起因する食糧不足で苦しむ 21 世紀でも人類を救うことになるのかもしれない。

c) ナイロンができて生活が変わった

　衣服は人間の生活に欠かせないものであり、従来は動物の毛皮、木綿や絹などの天然素材が用いられていた。これを変革したのが有機合成化学による高分子の合成繊維である。1883 年にイギリスのスワンがニトロセルロースの糸を作る方法を開発し、フランスのシャルドンネ伯爵は硝酸塩を部分的に加水分解する方法を開発して、1891 年に人造絹糸の生産を始めた。1892 年にイギリスのクロスとベヴァンはセルロースを二硫化炭素と苛性ソーダに溶かして得られるシロップ状のものから繊維を作った。こうして作られたセルロース繊維は人造絹糸として市場に出されたが、しだいに‘レーヨン’という言葉が使われるようになり、1920 年代には広く消費者に受け入れられるようになった。

　1927 年、デュポン社は製品の開発に直接結びつかない基礎研究を行う研究所を設立し、高分子研究のリーダーとしてハーバード大学からウォレス・カロザースを引き抜いた。高分子の概念は当時シュタウディンガーが提案したばかりでその研究は未開拓の分野であり、分子量が 4000 を超す分子はまだ合成されていなかったが、カロザースは分子量が 12000 を超す高分子の合成を目指した。カロザースの最初の研究はアセチレンのポリマーの研究であったが、この研究で助手の一人がクロロプレンを重合させるとゴムに似た性質をもつ固体が得られることを見出し、最初の合成ゴム‘ネオプレン’を作った。彼の助手のヒルは 1930 年に分子量 12000 のポリエステルを合成し、これが強度と弾性に優れていることを発見したが、融点が低くて水に溶けやすく、繊維素材としてはまだまだ不十分であった。そこで、カロザースはポリアミドの研究を始め、1939 年にアジピン酸とヘキサメチレンジアミンの重縮合から、6.6-ポリアミドを作った。これが、水に強く、融点が高く、弾力性のある強い合成繊維‘ナイロン’の誕生であった（図 1-1）。翌年、工業規模で

1-1　ナイロン 6,6 の分子構造

の生産が開始され、「石炭と空気と水からできた繊維」として大々的な宣伝とともに市場に導入され、女性のストッキング用として人気を博した。カロザース自身は長い間鬱病に悩まされ、1937 年に自分の研究が開花するのを見ることなく自死してしまったが、続いてドイツの I.G. ファルベン社は‘ペルロン’という別のアミド繊維を開発し、合成繊維は世界の衣料産業を席巻した。

　現在のわが国でも、合成繊維産業は非常に大きな役割を果たしている。基本的な構造はプラスチックと似ているので、衣料だけでなく日用品、建材、スポーツ用品、その他いろいろな用途に使われている。繊維の種類も多岐にわたり、それぞれの合成法の開発は化学の真骨頂である。天然繊維も優れたところは多く、すべてが合成繊維に取って代わることはないだろうが、天然素材を多量に使うことは環境破壊にもつながり、70 億を超える人間の生活を支えるためにも合成繊維は絶対必要である。ただし、その原料は有機化合物であって、元を辿れば石油である。そこで、使用した繊維はできる限り回収してリサイクルすべきなのだが、現実にはほとんどが生活ゴミとして捨てられている。機能性触媒の開発で、多くの有機化合物で高分子を生成することが比較的容易になってきたが、これを分解して原料に戻すのは、コストやそれに費やすエネルギーの問題で現実にはなされていない。廃棄法までしっかり考えた物質資源の活用は、21 世紀の社会には必須の課題である。

2 物質資源の利用とその廃棄

　どのような化学物質を作るかによって、資源の使い方も違ってくる。我々が消費している天然の物質資源が、それぞれどれくらいの埋蔵量を持っているのかは定かではないが、人間が大量消費を続けていけば、いずれ枯渇してどの元素も無くなってしまう。いま切実な問題がヘリウム（He）の入手である。He 原子は軽いので重力が小さく地球から逃げていきやすい。He はあまりなじみのない元素であるが、液体の沸点が極めて低く（4.2 K）、冷媒として極低温物質を生成したり、NMR や MRI に必要な超伝導電磁石を維持したりするのに欠かせないものである。

　He だけでなく、いまはプラスチックの原料や主要なエネルギー源になっている化石燃料、レアメタルとよばれる希少金属、食糧や薬品として使われる植物資源など、無計画に消費するとすぐに不足してしまうものばかりである。それと同時に、消費した物質の廃棄がさらに深刻な問題となっている。貴重な物質は廃棄せず、できる限り回収して再利用するのは近代文明を維持していくのに欠かせない。最近注目されているプラスチックゴミや産業廃棄物の大量投棄を考えると、物質資源の再利用と環境保護が喫緊の課題であることは間違いない。

a) 化石燃料（天然ガス、石炭、石油）

　化石燃料とは、古代に生息した動植物の死骸が地殻変動で地下に埋もれ、高温高圧の状態で反応してできたものである。天然ガスの主成分はメタン（CH_4）であり、酸素（O_2）との混合気体に点火すると炎となって燃焼し、水と二酸化炭素を生成する。

$$CH_4 + 2O_2 \rightarrow CO_2 + 2H_2O$$

メタンは無味無臭の安定な化合物であり、燃焼しても有害な物質を出さない

クリーン燃料である。都市ガスは今はほとんどが天然ガスであり、コンロや
ストーブなどの家庭用の機器の燃料として使われているだけでなく、火力発
電や工場での大型機器のエネルギー源として、メタンの需要は今後も増え続
けると予想されている。そこで、新たな資源として注目されているのがメタ
ンハイドレードである。これは、深海の地下の低温部分の氷の中にメタンが
閉じ込められているもので、掘り出して空気中で点火すると燃えることから
「燃える氷」とよばれ、次世代のエネルギー資源として期待されている。

　石炭は、植物の死骸が湖や海に堆積し、地殻変動で地下にもぐって高温高
圧になり、化学反応で炭化したものである。主に、古代に繁栄した巨大シダ
類のものだと考えられているが、埋蔵量が多く、また地表近くで掘り出すこ
とができるので、比較的安価で産業でのニーズが多い。19世紀に起こった
産業革命は石炭をエネルギー源とした蒸気機関が主力であったし、20世紀
後半の産業の飛躍的な発展も石炭なしには成しえなかった。今でも発電や暖
房などに広く用いられているのだが、問題は燃焼の際に出る有害物質である。
石炭は多孔質固体なので、通常は比較的低温で穏やかに燃焼し、どうしても
不完全燃焼になって炭素の微粒子を生成してしまう。活性炭とよばれるよう
に、燃焼でできる炭素の微粒子は化学物質をよく吸着する。石炭の燃焼では
同時にNO_x, SO_x*を生成するが、炭素の微粒子はこれらを内部に吸着し有害
な汚染物質になる。そのうち粒径が2.5 μm以下のものをPM2.5とよんでい
るが、これが空気中に浮遊して人間の健康に悪影響を及ぼす。技術開発を進
めて石炭が完全燃焼できるように工夫できればこのような問題はなくなり、
エネルギー源としてさらに有力なものになる。

　石油は、現代社会を支える最も重要なエネルギー源であり、今後どのよう
に使っていくかは極めて重要な問題である。石油がどのようにしてできたか
についてはいくつか説があって、まずは石炭と同じように古代生物の死骸が
高温高圧で化学反応してできたものと考える'有機成因説'がある。ところが、
石油は石炭と違ってかなり深い地層の中から見つかることが多く、また炭素

---

* **NO_x, SO_x**　窒素やイオウの酸化物には、NO, NO_2, NO_3, N_2O_5, …、SO, SO_2, SO_3, SO_4, …
など、多くの種類の分子があって、酸素原子の数が一つに定まらない。そこで、これを総
称して、NO_x, SO_xと表現する。

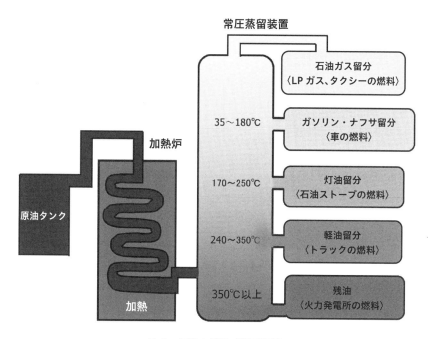

常圧蒸留装置

石油ガス留分
〈LP ガス、タクシーの燃料〉

35〜180℃　ガソリン・ナフサ留分
〈車の燃料〉

加熱炉

170〜250℃　灯油留分
〈石油ストーブの燃料〉

原油タンク

240〜350℃　軽油留分
〈トラックの燃料〉

350℃以上　残油
〈火力発電所の燃料〉

加熱

2-1　原油の分留（常圧蒸留）

と水素以外の元素の含有率が生物由来のものとかなり異なることなどから、生物と無関係のプロセスによってできたとする‘無機成因説’もある。惑星が形成されるときに爆発と収縮を繰り返し、その度に多くの元素が生じたことは確かめられていて、その結果地球の中心の部分は極めて高温の鉄（Fe）からなることもわかっている。このとき炭化水素も一定の割合で生成されることも多く、その地層が高温高圧で化学反応して石油ができたと考えるのである。いずれにせよ、地下から産出される原油には多くの有機化合物が含まれているので、そのままでは多様な条件の用途に使うことはできない。そこで、分留（常圧蒸留：図2-1）という化学操作によって、沸点の異なる成分に分別してから、それぞれの用途に応じて使い分けられている。実際の分留装置では、原油を加熱して石油蒸気とし、高温の部分から少しずつ冷却していって、各温度で液体になった成分を収集する。各成分は沸点の低い順から

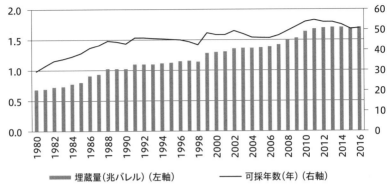

2-2　世界の石油埋蔵量と可採年数（1980 ～ 2016 各年末）

ナフサ、灯油、軽油とよばれ、350℃でも蒸気にならないのは重油あるいは
残油、冷却しても液体にならないのは石油ガスとして、すべての成分がそれ
ぞれの用途に無駄なく使われている。

　現在、世界中で一日におよそ1億バレル（1バレルは159リットル）の石
油が消費されているが、そもそも原油はとてつもなく長い時間をかけてでき
たものなので、補充されることはない。いずれは枯渇する限りある資源であ
るが、このままの消費を続けていくとどれくらいの年月でなくなってしまう
のかはかなり重要な問題である。1973年に勃発した第4次中東戦争で、ペ
ルシア湾岸の主要な石油産出国は、欧米諸国への報復措置として、石油の価
格を大幅に上げ、産出量制限を行った。その結果世界経済が混乱して不況に
陥った（オイルショック）。それ以降、世界の石油埋蔵量と消費量が正確に
統計で示されるようになり、何年間石油を使用し続けることができるか（可
採年数）が常に公開されるようになった（図2-2）。1980年代には、およそ
2年経つと石油が枯渇するともいわれていたが、新たな油田の発見によって
可採確認埋蔵量は年々増加し、現在ではまだ50年くらいは使用できると予
想されている。しかしながら、最近になって新たな原油の発見量が少なくな
り、2010年ころから可採年数が減少していて、このまま消費量が増加して
いけば石油は50年も経たないうちに枯渇してしまう可能性がある。

　石油は主に自動車の燃料や工場の動力源、火力発電などのエネルギー源として用いられてきたが、実はプラスチックなどの我々の日常生活の必需品の原料としてとても貴重なものでもある。特に、医療用品や医薬品の多くは原油に含まれている有機化合物から合成、生産されており、他に置き換えることのできる天然資源はない。最近話題になっているのが、特に米国で開発生産されているシェールオイルである。これは石油成分の元となる油母（ケロジェン）を含む油頁岩（オイルシェール）を化学処理して得られるものであるが、近年の研究でこれらのシェールの安全な取り扱いや化学処理の方法が開発され、コスト面の問題も解決されて実用化された。これまでのように、埋蔵量と産出量の多い中近東諸国にばかり依存していては危機管理が難しいので、このような新たな石油資源の開発も重要であろう。

　地球環境問題の観点からもこれらの化石燃料をエネルギー源として消費し続けるのは賢い方法だとはとても思えないし、むしろプラスチックなどの有用な化学物質の原料として貴重なものであるので、大切に使っていかなければならないのは当然であるが、あまりにも消費量が莫大なので化学的な手法ですべて問題を解決することはできない。とにかく消費量を削減することが重要であり、それとともに再生可能エネルギーの積極的な活用にもっと力を入れていくべきなのかもしれない。

b）金属（コモンメタルとレアメタル）

　人類が最初に道具や武器を作るために利用した金属は銅であり、すでに紀元前5000年頃には銅の精錬が始まった。その後、メソポタミアで銅と錫の合金である青銅が発見され、銅に比べて強度があり鋳造性も良かったので広く使われるようになった。‘青銅時代’の出現である。そして、紀元前1500年頃からヒッタイト王国で鉄鉱石から鉄を取り出す技術が生み出され、鉄の利用が始まった。精錬に1000度を超す高温が必要で、技術的に難しいところもあるが、ギリシャ・ローマ時代には鉄器は世界に広まって‘鉄器時代’となった。

　中世から近代にいたる時代には人口が増加して金属の需要も高まり、16世紀頃には鉱山業が盛んになって精錬と冶金の技術が大きく進歩し、17世

紀の終わりまでには数多くの金属が知られ、広く使われるようになった。文明を支えてきた金属という分類があって、鉄（Fe）、金（Au）、銀（Ag）、銅（Cu）、鉛（Pb）、亜鉛（Zn）、錫（Sn）、水銀（Hg）の8種類の金属が、人類の発展に大きく貢献したと考えられている。これらに加えて、現代社会で重要な役割を果たしているアルミニウム（Al）を含め、比較的入手するのが容易な汎用金属を‘コモンメタル’または‘ベースメタル’とよんでいる。基本的にこれらの金属が無くなると、現代社会は大きなダメージを受ける。中でも最も重要な金属は歴史的に見ても鉄である。

　18世紀の後半から19世紀にかけてのヨーロッパでは、産業革命の進行とともに鉄や銅に対する需要が急速に増大したが、産業革命を支えた蒸気機関や織物機械の製作、鉄道や鋼鉄船、鉄橋などの出現による鋼鉄の需要にそれまでの製造方法は充分に対応できなかった。そこで、新しい鉄鋼の製造法の開発が技術者たちによって盛んに行われ、ヨーロッパの先進国で産業革命が進んでいった。近代社会における鉄の重要な用途としては、建造物や機械の骨格の素材がある。金属の鉄の融点は1500℃で、鉄鉱石を加熱して鉄を溶かし出し、化学操作を施して純度を高くして純鉄にしたり、あるいは含有炭素量を制御して硬度の高い鉄鋼を製造している。

　金、銀、銅は美しい色をして光沢もあり、宝飾品やオリンピックのメダルとして用いられてきたが、実は電気伝導体としての需要が大きく、近代科学や化学産業にも大きく貢献している。特に埋蔵量も多くて比較的安価な銅は、IT機器に広く用いられてきたが、近年かなり使い尽くしたというところがあって産出量が減少、価格も高騰している。それでも不要になった銅をリサイクルするのはコストが高く、実際にはほとんどが廃棄されている。銅それ自体は有害ではないが、水や酸素と反応して錆び（緑青）となり、拡散して環境を悪くしてしまう恐れもある。

　同じことは、近年その需要が大きく膨らんだアルミニウムについても言える。アルミニウムは19世紀に精錬が始まった新しい金属である。1886年にフランスのエルーとアメリカのホールにより、独立した電解工程によってアルミニウムを生産する新たな方法が開発された。この方法では、ボーキサイトから精錬した酸化アルミニウムを電気炉で融解した氷晶石とフッ化ナトリ

族 / 周期	I A アルカリ族	II A アルカリ土族	III B 希土族	IV B チタン族	V B バナジウム族	VI B クロム族	VII B マンガン族	VIII 鉄族（4周期）/ 白金族（5・6周期）			I B 銅族	II B 亜鉛族	III A アルミニウム族	IV A 炭素族	V A 窒素族	VI A 酸素族	VII A ハロゲン族	O 不活性ガス族
1	1 H 水素																	2 He ヘリウム
2	3 Li リチウム	4 Be ベリリウム											5 B ホウ素	6 C 炭素	7 N チッ素	8 O 酸素	9 F フッ素	10 Ne ネオン
3	11 Na ナトリウム	12 Mg マグネシウム											13 Al アルミニウム	14 Si ケイ素	15 P リン	16 S イオウ	17 Cl 塩素	18 Ar アルゴン
4	19 K カリウム	20 Ca カルシウム	21 Sc スカンジウム	22 Ti チタン	23 V バナジウム	24 Cr クロム	25 Mn マンガン	26 Fe 鉄	27 Co コバルト	28 Ni ニッケル	29 Cu 銅	30 Zn 亜鉛	31 Ga ガリウム	32 Ge ゲルマニウム	33 As ヒ素	34 Se セレン	35 Br 臭素	36 Kr クリプトン
5	37 Rb ルビジウム	38 Sr ストロンチウム	39 Y イットリウム	40 Zr ジルコニウム	41 Nb ニオブ	42 Mo モリブデン	43 Tc テクネチウム	44 Ru ルテニウム	45 Rh ロジウム	46 Pd パラジウム	47 Ag 銀	48 Cd カドミウム	49 In インジウム	50 Sn スズ	51 Sb アンチモン	52 Te テルル	53 I ヨウ素	54 Xe キセノン
6	55 Cs セシウム	56 Ba バリウム	57～71 ランタノイド	72 Hf ハフニウム	73 Ta タンタル	74 W タングステン	75 Re レニウム	76 Os オスミウム	77 Ir イリジウム	78 Pt 白金	79 Au 金	80 Hg 水銀	81 Tl タリウム	82 Pb 鉛	83 Bi ビスマス	84 Po ポロニウム	85 At アスタチン	86 Rn ラドン
7	87 Fr フランシウム	88 Ra ラジウム	89～103 アクチノイド	104 Rf ラザホージウム	105 Db ドブニウム	106 Sg シーボーギウム	107 Bh ボーリウム	108 Hs ハッシウム	109 Mt マイトネリウム	110 Ds ダルムスタチウム	111 Rg レントゲニウム	112 Cn コペルニシウム	113 Nh ニホニウム	114 Fl フレロビウム	115 Mc モスコビウム	116 Lv リバモリウム	117 Ts テネシン	118 Og オガネソン

凡例：鉄、ベースメタル／貴金属／レアアース／その他レアメタル

ランタノイド	57 La ランタン	58 Ce セリウム	59 Pr プラセオジム	60 Nd ネオジム	61 Pm プロメチウム	62 Sm サマリウム	63 Eu ユウロピウム	64 Gd ガドリニウム	65 Tb テルビウム	66 Dy ジスプロシウム	67 Ho ホルミウム	68 Er エルビウム	69 Tm ツリウム	70 Yb イッテルビウム	71 Lu ルテチウム
アクチノイド	89 Ac アクチニウム	90 Th トリウム	91 Pa プロトアクチニウム	92 U ウラン	93 Np ネプツニウム	94 Pu プルトニウム	95 Am アメリシウム	96 Cm キュリウム	97 Bk バークリウム	98 Cf カリホルニウム	99 Es アインスタイニウム	100 Fm フェルミウム	101 Md メンデレビウム	102 No ノーベリウム	103 Lr ローレンシウム

2-3　レアメタル

ウムの溶剤中で電気分解を行い、高純度のアルミニウムを大量に製造することができる。第一次世界大戦後、銅、マンガン、マグネシウムなどとの多くの種類の合金が作られ、鉄道の車両、航空機、自動車エンジンの部品などに欠かせないものとなって需要が増大した。いま重要なのが飲料容器としての用途であり、鉄の缶に比べると軽量で錆びることもなく、強度も遜色がないので近年使用量が大きく増加した。アルミニウムは酸にもアルカリにも溶け（両性金属）、化合物として拡散しやすいので環境保全のためにもリサイクルを進める必要がある。アルミニウム金属は天然のボーキサイトの電解精錬で製造しており、純度の高いアルミニウムを作るのには大きなエネルギーが要る。回収した缶を再利用するエネルギーはこれよりかなり少なくてすむので、アルミ缶の分別回収は大事である。

　近代文明は、IT機器に強く依存している。そこで重要な役割を果たしているのが特殊金属であるが、その多くは産出量が少なく、貴重で入手困難なことから‘レアメタル’とよばれている。白金（Pt）は、以前は金や銀と同様、宝飾品として用いられていたが、高温に強く化学反応しないので、白金るつぼなどの加熱化学機器としても用いられるようになった。注目すべきことは、

Pt が燃料電池や廃棄ガス処理などの特殊な触媒作用を持っていることであり、今後も白金触媒の果たす役割は重要であると考えられる。鉄やアルミニウムなどのコモンメタルでも重要な触媒作用は見つかっているが、レアメタルを使うと、クロスカップリングによる C–C 結合など（ヘック、根岸英一、鈴木章、2010 年ノーベル化学賞受賞）、通常では起こりえないような化学反応を起こすこともあり、今後も特殊触媒の研究開発に期待が持たれる。レアメタルの金属が持つ特殊な物性は、応用の観点から重要である。ネオジム（Nd）は非常に強い磁性を持ち、小型モーターを使っているスマホや PC を作るのに必須である。また、NMR や MRI、リニアモーターカーに使われている超伝導電磁石の素材としても貴重な金属であり、決して廃棄してはならない。IT 機器は買い換えるときに安易に捨ててしまうことが多いが、きちんと回収してそこに含まれているレアメタルを再利用していくことは、極めて重要なことである。

c) プラスチック（合成樹脂）

　人工の合成物で生活に必要な化学物質を作ろうとする努力が 19 世紀の後半から始まり、プラスチックが生まれた。1862 年にイギリスのパークスは、ニトロセルロース、アルコール、樟脳、植物油を混合して作った製品をザイロナイトの商品名で売り出した。アメリカではハイアットがニトロセルロースと樟脳から作ったものを、1872 年にセルロイドとして商品化し、洋服のカラー、ナイフの柄、写真や映画のフィルム、ビリヤードの玉などに使われた。合成プラスチックの最初のものは、1909 年にアメリカの市場に現れたベークライトである。ベルギー人のベークランドは、フェノールをホルムアルデヒドに縮重合させて作った合成樹脂がどのような条件下で熱硬化性の成型用粉末になるかを明らかにして、ベークライトを開発した。これは不透明で黒ずんだプラスチックであったが、成型が容易で、絶縁性も高く、成長期にあった電話や自動車、ラジオ産業にすぐに市場を見出した。

　1918 年、チェコスロバキアの化学者ヨーンはフェノールを尿素で置換し、ホルムアルデヒドと縮重合させて、透明なアミノ樹脂を得ることに成功した。このアミノ樹脂はビン類から装飾用品まで広く使われるようになった。1930

スチレン　　　　　ポリスチレン　　　　　　　　　フェノール樹脂

メラミン樹脂　　　　　　　　ポリカーボネート（PC）

2-4　プラスチックの分子構造

年代になってアクリル酸およびその関連化合物で得られる樹脂が開発され、メチル・メタクリレートの重合で得られる透明で熱可塑性のプラスチックは無機ガラスより軽い有機ガラスとして一大工業製品となった。スチレン、塩化ビニル、エチレンなどの重合で作られたプラスチックも 1930 年代に登場し、高分子化学の発展とともにプラスチック産業は第 2 次世界大戦後に大きく発展した。

　今では人工的に合成された有機高分子でできた物質を、広くプラスチックとよんでいる。一般的には、二重結合を持つ基本的な有機分子を触媒を使って重合させて合成する。エチレン（C_2H_4）を重合させるとポリエチレンができるが、これは最も簡単な高分子化合物のひとつであり、熱可塑性樹脂といって加熱すると柔らかくなって成型しやすい。$-CH_2-$ 結合が長く連なった構造をしているが、その結合角は変化しやすく、鎖状の部分が折れ曲がったり枝分かれしたりしていて、そのため薄い膜にすると引っ張って伸びたりするので、ゴミ袋などの広い用途に使われている。エチレンの H 原子をベンゼンなどの官能基で置換すると、より硬く強度の大きいプラスチックを作ることができる。今では、ポリスチレン、フェノール樹脂、メラミン樹脂、ポリカーボネートなどの多様な性質をもったプラスチックが数多く開発されていて、

それぞれの用途に応じて使い分けられている（図2-4）。

　これらのプラスチックは安価に製造され、現代社会で広く用いられているのだが、最近深刻な問題となっているのが、プラスチックゴミである。元が安価なのと回収してリサイクルするのにコストがかかるので、人間が使ったプラスチックの多くはゴミとして廃棄されている。先進国ではゴミは分別回収して熱分解処理をするか、リサイクルするかがルールとなっているが、発展途上国ではそのまま空き地や海洋に廃棄されているのが現状である。それが水に流されて海洋を漂い、海流に乗って湾岸に溜まったのがいわゆる'海洋プラスチックゴミ'である。その多くは日光によって高温となり溶けて丸い小さな粒状になる。これが'マイクロプラスチック'で、海洋に生息する生物の体内に入り込み、多くの生命を脅かしている。最近、砂浜に打ち上げられたクジラの胃の中から大量のプラスチックが発見された画像をよく見る。クジラは海洋で生きる我々と同じ哺乳類で、乱獲によって個体数が激減している。種の存続のためにも保護対策を考えなければならないのに、人間が出したゴミでますます窮地に追いやられている。海洋で生きる生物は他にもたくさんいて被害を、被るのはクジラだけではない。海洋ゴミ問題は最優先で解決しなりればならない課題である。

高分子（ポリマー）化学と社会

　アメリカでは 1930 年代から、石油化学工業が発展し始めた。1940 年以降、合成ゴム計画でブタジエンとスチレンへの需要が増大し、航空機用のガソリン精油技術が、他の原料用化学製品の生産への道を開いた。第 2 次世界大戦後は、アメリカを先頭にしてヨーロッパ諸国および日本で石油化学産業が大きく発展したが、同時に高分子工業も飛躍的な発展を遂げた。それを可能にしたのは、触媒を用いた高分子合成法の開発であった。代表的なもののひとつは、ドイツのチーグラーとイタリアのナッタによって開発された触媒を用いる合成法である。1953 年、チーグラーはエチルアルミニウムと四塩化チタンを組み合わせた触媒を用いると、エチレンが常温・常圧で重合し、高結晶性のポリエチレンが得られることを発見した（低圧ポリエチレン合成法）。ナッタはチーグラー触媒を用いて合成した高分子が立体規則性をもつこと、立体構造の違いによって高分子の性質に違いが生じることを明らかにした。

　20 世紀の後半には、反応物質や反応条件によってさまざまな性質（硬度、張力、弾力性、粘度、熱安定性、溶解性、溶媒との親和性や反撥性、光感応性）をもつポリマーの合成が可能となり、高機能高分子材料が次々に開発されていき、構造材や船体、自動車や航空機の部品などにも、鉄やアルミニなどの金属に代わって、軽くて強度のあるポリマーが用いられるようになった。ケブラーと呼ばれる芳香族ポリアミド系の樹脂は結晶性のポリマーで、同じ重さの鋼鉄と比べて 5 倍の強度を持つ。まさに現代はポリマーの時代と言ってもよいくらいで、現代の高度な物質文明を支えている。

d）自然の資源（空気、水、樹木）

　空気は、重量割合で 75% と 23% の窒素（N_2）と酸素（O_2）の混合気体である。両方とも生物が生きていく上で必須のものであるが、化学的な資源としてもこれら 2 つの物質は貴重である。N_2 は不活性な気体で化学反応は起こりにくい。肥料や火薬の原料となるアンモニアの合成法であるハーバー・ボッシュ法では高温高圧と巧みな触媒が必要で、大気のような通常の状態では N_2 は反応しない。これに対して、O_2 は化学的に活性で燃焼反応を促進する。また、O 原子が結合することを酸化とよぶが、反応によって生じた酸化物は元の化合物とは大きく異なる性質を示す。鉄が酸化されると酸化鉄（Fe_2O_3）になり、いわゆる '錆び' ができる。アルミニウムが酸化されるとアルミナ

（Al_2O_3）になり、ガラスなどの原料として用いられる。N原子やS原子は、O原子と結合してNO_x, SO_xを生成するが、これらは有害物質であり、空気中に多量に混入すると光化学スモッグになる。また、水に溶けると硝酸（HNO_3）、硫酸（H_2SO_4）といった強酸に変化し、それがさらに多くの酸化物を生成するので、N原子やS原子を含む物質を燃やして処理をするときは充分気をつける必要がある。

　地表にある空気の量は膨大なので、窒素固定や燃焼反応でN_2とO_2を消費し続けてもさほど深刻な影響はないと考えられているが、果たしてそうであろうか。実は、75%と23%というN_2とO_2の割合は絶妙で、O_2が20%を切ると多くの人が酸欠の症状を訴える。O_2が30%を超えると、活動が活発過ぎて健康に異常が起こる。それと同時に、燃焼反応をうまくコントロールできるのは今の空気の割合のときだけであり、O_2の割合が減ると火が付かなくなり、多くなると着いた火がなかなか消せなくなる。O_2は植物の光合成で補充されてきたのだが、近年の地球温暖化による生態系の変化や砂漠化が原因で植物が減少している。これに加えて、大量の化石燃料の燃焼でO_2の消費量も増加しているので、将来的にN_2とO_2のバランスを保っていくのは難しいのかもしれない。さらに、燃焼で生じるCO_2は地球温暖化を加速させ、NO_x、SO_xは動植物の健康に悪影響を及ぼす。発展途上国の大都市では、石炭の不完全燃焼によって生じるPM2.5が高濃度に達し、視界が悪くなったり呼吸が困難になったりしている。

　水（H_2O）は、日本にいると当たり前のように使うことができて不自由を感じないが、世界的に見るととても貴重な資源であると考えられる。地球上の水がどのようにしてもたらされたかは定かではないが、海洋に大量の水を有し、我々の身体もその60〜70%が水である。水をきれいにする方法に蒸留がある。これは、水を加熱して沸騰させ、生成した水蒸気を冷却して液体の水に戻して集めるという化学的な手法のひとつであるが、100℃で沸騰する物質は水だけであるので、温度を正確にコントロールすれば純粋な水だけを分別して集めることができる。地表の水の清浄化は太陽光エネルギーによる蒸留でなされており、海や河川の表面から蒸発した水蒸気は上昇気流に乗って上空に運ばれ冷却されて雲になる。その一部は山地に運ばれ、雨となって

大地に降り注ぐ。地中に浸み込んだ水は細かい砂岩石でろ過され、きれいな水となって河川となり平野へと流れていく。我々が日常生活で使っている液体物質のほとんどが水溶液であり、生体中の物質の多くも水分子を含んでいる。大事なことは、自然界で循環している水圏を正常に保つこと、有害物質で汚さないことである。我々が使っている水の量は莫大なので、これをすべて化学処理することは不可能であるが、家庭の水道水は飲み水として大切なものなので、浄化殺菌を充分に施してあるが、処理に大きなエネルギーを使っているし、処理できる総量は限られているので、無駄に使ってはいけないのは当然である。

いま対策を必要としている問題に、酸性雨がある。これは、化石燃料を燃やしたときに生成する NO_x、SO_x が雲の中の水に溶け込んで硝酸、硫酸となり、酸性度の高い水が雨となって落ちてくるものである。酸性の水は動物の皮膚に付着すると炎症などの異常を起こしたり、植物が枯れたりと生態系への悪影響は大きい。酸性雨の原因は空気の汚染であるので、まずは排気ガスを大気に放出しないことが求められる。化学産業が酸性雨の原因となるケースが多いと考えられており、法律による規制、行政による水質の管理と監視は、動植物の生息のためにも重要なことであるだろう。

光合成の担い手である植物や樹木も重要な資源であり、大切に守っていかなければならない。光合成の化学反応式は

$$6CO_2 + 6H_2O \rightarrow C_6H_{12}O_6 + 6O_2$$

と表され、二酸化炭素と水を原料にして、栄養分と酸素を供給しているのは植物なのである。さらに、大きな樹木はその幹を木材として利用しており、家屋や建物を造るのに大事な資源となっているし、何よりも紙の原料として貴重なものでもある。それにもかかわらず、植物や樹木を守っていこうという意識は、近年低下しているようにも思われる。我が国では、第二次世界大戦後、国の復興のために大規模な杉の植林を行った。杉の樹齢はだいたい70〜100年なので、戦後75年経った今、植林された杉の木の多くが一斉に寿命を迎える。これは森林が一気に崩壊することを意味しており、生態系全

体に影響を及ぼさないかが心配である。そもそも森林を維持するためには、根本まで日光が差し込むように葉や枝を落としたり、密集しすぎないように間引きをしたりというような丁寧な作業が必要なのだが、現状ではそれが行き届いていない。そこへ地球温暖化による砂漠化が加速し、森林全体に危機が迫っている。森林は地球の自然の重要な要素である。

3 地球環境とエネルギー

　美しい地球は大地と水や大気と、そしてそれらによって生まれた植物によって作られたものであり、太陽光エネルギーによる物質の循環が生命に快適な環境を保ち続けている。しかしながら、19世紀に起こった産業革命が化石燃料の消費を大幅に増加させ、大気、水、大地、すべてに変化が出始めた。地球上での化学物質の状態とバランスが変わり、現代では生命が快適に生きられない状態に至ろうとしている。1950年から始まった大気中のCO_2の増加は地球温暖化を引き起こし、物質循環にも悪影響を及ぼして多くの生命を脅かしていると言ってよい。もちろん、物質の量や状態、化学反応などを制御しなければならないので、課題の多くが化学でしか解決できないものであるが、充分なデータがないとか、観測を続けたり対策を取るための予算がないとか、なかなか糸口がつかめていない。

　そもそも人間が化石燃料を使い出したのはエネルギーを得るためであり、移動のための自動車の燃料、工場で熱や動力を得るためのエネルギー源、そして最も影響が大きかったのが発電である。CO_2の排出を抑えるという名目で進められたのが原子力発電であるが、2011年の事故以来我が国の原子力発電量は減少し、発電のエネルギー源を化石燃料に頼っている状況である。この問題を一気に解決する正解はないのだが、少しでも改善できるよう、化学の視点から考えていきたい。

a) 地球上での物質の変化と循環

　現在の大気中のO_2は、緑色植物の光合成によって蓄積されたと考えられている。光合成反応を起こすためには大きなエネルギーが必要で、植物の葉緑素は太陽光エネルギーを有効に使っている。この逆反応が燃焼反応や動植物の呼吸であり、2つの反応のバランスが取れていたので、長い間地球の大気の成分は一定に保たれてきたと考えられる。N_2分子とO_2分子は赤外線を吸収しないので、赤外吸収スペクトルを測定しても、その割合を知ることは

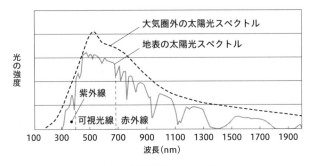

光の強度

大気圏外の太陽光スペクトル
地表の太陽光スペクトル
紫外線
可視光線　赤外線

波長(nm)

3-1　太陽光のスペクトル

できない。ただサンプルとしての量は多いので、通常の元素分析や質量分析の方法を使って世界各地で成分の割合を測定している。最も重要視されているのが CO_2 の濃度測定である。地球温暖化現象は、大気中の CO_2 の分子振動による太陽光の赤外線の吸収に由来するものである。

　図 3-1 は、宇宙および地上で観測される太陽光のスペクトルを示したものである。宇宙では紫外から可視、赤外まで各波長での光の強度はなだらかなピークを示しているが、地上では所々に光強度の減少が見られている。これは、主に大気中の H_2O と CO_2 が赤外線を吸収し、その分の電磁波が地上に届いていないことを示している。この CO_2 の赤外スペクトルは人工衛星からも測定されていて、基本的には地表からの赤外線の反射を検出し、CO_2 の赤外吸収スペクトルを測定して、あらゆる地点での CO_2 濃度を常時観測している。紫外領域の光が地上に届いていないのは、主にオゾン（O_3）分子による紫外光の吸収によるものである。O_3 分子は赤外線も吸収するので、人工衛星から赤外吸収スペクトルを測定し、大気上層に存在する O_3 分子の量を計測している。さらに、ClO, NO_x, SO_x などの有害物質についても同様の計測を続けており、すべてのデータが地球環境保全のベースになっている。

　河川や海洋といった水圏でも、反応と循環を保つための化学的な分析が重要となっている。液体の水には O_2 などの多くの種類の物質が溶け込み、水中で生きる動植物の生命を支えている。酸やアルカリが混じるとイオンがからむ化学反応が進行するので、ほとんどの生命にとっては危険である。した

がって、基本的には川の水や海水はほぼ中性でなければならない。大気中の
CO_2, NO_2, SO_3 が水に溶解すると、次のような反応が起こって炭酸、硝酸、
硫酸を生じる。

$$CO_2 + H_2O \;\rightarrow\; H_2CO_3$$
$$2NO_2 + H_2O \;\rightarrow\; HNO_3 + HNO_2$$
$$SO_3 + H_2O \;\rightarrow\; H_2SO_4$$

　これによって川の水や海水が酸性になると、植物が枯れたり動物の粘膜が
傷んだりする。そこで、水の pH を監視して常に中性に保つように化学的な
対策を講じることが大事である。現在では、水溶液の pH を簡単に測定でき
る pH メーターが安価で市販されていて、河川や海洋だけではなく、生活排
水や産業排水も監視を強め、清浄な状態を保つように努力が続けられている。
　酸やアルカリのほかにも、有機化合物やいわゆる栄養素が多量に溶け込む
のも水質汚染であり、赤潮や腐敗の原因として問題視されている。この場合、
水の中の酸素の量が減少するので、その値を測定して汚染の指標としている。
これが生物化学的酸素要求量（BOD）であり、排水の基準としては BOD 値
が 160 mg/L 以下と定められている。これも今では簡単に測定できるキット
が市販されていて、現場での水質管理に役立てられている。

b）化学物質と地球環境 —— 環境化学 ——

　きれいな環境というのは、動植物が生きていくのに適した周囲の物理、化
学的な状態のことを表している。すぐに思い浮かぶだけでも、澄んだ空気、
清浄な水、そしてそれらの澱みない循環などがあり、これらを良い状態で保
つのに化学をうまく使うことが大切である。現在最も深刻となっているのが
地球温暖化の問題であり、大気中の CO_2 の量の増加がその原因とされている。
大気中の CO_2 は太陽光に含まれる赤外線を吸収し結果的に分子の温度が高
くなる。それでも、地表付近の空気中での CO_2 の割合はわずか 400 ppm
（0.04%）であり、98% を占める N_2 と O_2 は赤外線を吸収しないので、赤外
吸収による影響は小さいように思える。しかし、空気中の分子は 1 秒間にお

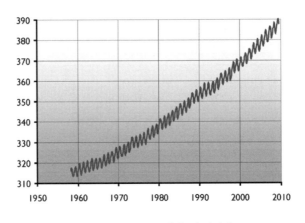

3-2　空気中の CO_2 濃度の年次変化

よそ 10 億回くらい衝突を繰り返しており、高温になった CO_2 分子はその度に低温の N_2 分子や O_2 分子に熱を移して、自らは冷却される。太陽光は常に降り注いでいるので、冷却された CO_2 分子は再び赤外線を吸収し高温になり、周りの N_2 分子や O_2 分子に熱を移し続ける。このサイクルが繰り返し起こるので、たとえ割合は少ない CO_2 分子でも効率よく空気を温めることができ、これが地球温暖化のメカニズムになっている。実はこの効果のおかげで地球は低温惑星にならずに生命に適した温度を保ってきたのだが、問題は化石燃料の燃焼による CO_2 排出量の激増にある。図 3-2 は、空気中の CO_2 の割合の年次変化を示したものであるが、1950 年には 300 ppm（0.03%）であったのが、この半世紀の間に連続的に増加して現在では 400 ppm（0.04%）を超えている。また、1 年周期で 5 ppm ほど増減を繰り返しているのも示されている。このデータはハワイのマウナロアで赤外吸収によって測定されたものであるが、そこは落葉樹が多く、冬季には光合成による CO_2 の消費が減少することがこの増減の原因である。確かに植物の力で空気中の CO_2 の量はずっと一定に保たれてきたのだが、動物の呼吸に加えて人類による化石燃料の使用でそのバランスが崩れてしまっているのをこのデータは明確に示している。空気中の CO_2 の量が増加すると、川の水や海水に溶け込む量も

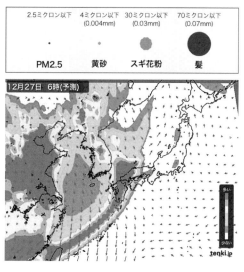

3-3　PM2.5 の分布

　多くなって酸性が強くなる。最近の研究でサンゴの死滅の原因が海水の酸性化にあるということもわかった。また、水中の CO_2 の量が増えると溶存酸素の量が減少するので、多くの動植物の生態系でのバランスが崩れることも危惧されている。気体の CO_2 の分解や固体物質への吸蔵など、化学の力でも改善できるように現在でも研究が進められているが、大気中の CO_2 の量を減らして半世紀前のレベルまで戻すことが目標であり、まずは CO_2 排出量の削減が前提となる。

　化石燃料は動植物の死骸が化学反応で変化したものであり、炭素だけではなく、窒素、イオウなどの元素も含まれている。したがって、その燃焼によって NO_x, SO_x などの気体物質が大気に放出され、空気中の酸素と反応して有害物質を生成する。それがそのまま空気中の漂うのが光化学スモッグであり、雲の中の水に溶け込み雨となったのが酸性雨、石炭の不完全燃焼によって浮遊した石炭ガラに吸着されたのが PM2.5 である。2.5 は大きさが $2.5\,\mu m$（2.5×10^{-6} m）以下であることを表しているのだが、このような小さな粒子は通常のマスクやフィルターを通過して体内に入り込む。鼻や口の粘膜に付

着するとそこで NO_x, SO_x が水に溶け出して硝酸、硫酸となり、他の有害物質を含む石炭ガラとともに生体組織を壊していく。PM2.5 は人間が作り出した極めて有害な物質である。図 3-3 はある日の PM2.5 の分布を示したものであるが、これを見ると西から偏西風によって越境移動していることがよくわかる。この日は九州で特に多くなっているが、季節や風向きによっては西日本、関西、東海地方まで分布することも多い。細かいフィルターやイオン吸着を使って空気を浄化する方法もあるが、光化学スモッグも含めて大気の化学的浄化法の開発は将来的にかなり重要なことであると考えられる。

　もうひとつ注目すべきは、塩素原子（Cl）によるオゾン分子（O_3）の分解の問題である。成層圏の外側にあるオゾン層は、太陽光に含まれる紫外線を吸収し、人間には有害な光が地表に届くのを防いでいるのだが、近年特に南極地域でオゾン層が崩壊し、深刻な地球環境問題となっている。その主要な原因は、人間が使用して放出したフロンガス（CF_2Cl_2）が成層圏に運ばれ、紫外線を吸収して Cl 原子を放出することであると考えられていて、その光分解過程は次の式で表される。

$$CF_2Cl_2 + h\nu \ \cdot \ Cl + CF_2Cl$$

　ここで、$h\nu$ は光子のエネルギーで、フロン分子に光子（紫外光）が衝突して光化学反応が起こることを表している。フロンガスの紫外光分解で生じた Cl 原子は、次のような一連の反応でオゾンを分解する。

$$O_3 + Cl \ \rightarrow \ ClO + O_2$$
$$O + ClO \ \rightarrow \ Cl + O_2$$

　ここではまず Cl 原子が O_3 分子を分解するのだが、その後同じ成層圏にある酸素分子（O_2）や、その紫外光分解で生じた O 原子と反応して再び Cl 原子に戻る。その Cl 原子はまた O_3 分子を分解するので、1 つの Cl 原子がいくつもの O_3 分子を分解し、オゾン層の破壊が進んだと考えられている。このような反応は連鎖反応とよばれ、条件によっては爆発的に反応が起こるこ

ともある。

　近代社会で深刻となってきた問題に放射能汚染がある。20世紀になってから放射線の研究が盛んになされ、人体への影響が明らかになって規制や管理が厳密に行われるようになった。しかし、21世紀になって原子力発電所の事故があり、放射能汚染や被爆への対応についても、さらに多くのデータを集めて、研究を進める必要が生じてきた。発電ばかりでなく、医療や食品加工でも放射線は実際に利用されていて、これを完全に無くすのは不可能ではあるが、それぞれの放射性物質について許容される放射線量の基準値、人体への影響などを正確に解明していくことは緊急の課題である。

c) 我が国の電源構成

　地球温暖化は、人類が大量に放出したCO_2によるものであるのは間違いないのだが、それは主にエネルギーを得るための手段として化石燃料を燃やしてきたことに由来している。地球環境とエネルギー問題には密接な関係があり、エネルギーを得ようとすると何らかの形で環境に悪影響を及ぼす。特に化石燃料を燃やしたときの反応熱を利用して電気を作る火力発電では、CO_2の発生、余分な熱や有毒ガスの放出など、必要な化学的処理問題をクリアできていない。わが国では、現在原子力発電の割合が極めて少なく、電力を主に火力発電に頼っている。我々が使用している電力がどのような発電方法でどれくらいの割合で賄われているのかを電源構成という。

　いま議論されているのが、10年先の2030年の電源構成の目標を定めることである。2010年度の時点のわが国の電源構成としては、火力発電が62%、原子力が29%、水力が9%、後で示す再生可能エネルギーの割合は1%に過ぎなかった。東日本大震災での福島原子力発電所の事故により、その後の2013年度には原子力はわずかとなり、火力発電が87%にまで増えてしまった（図3-4）。2018年度の電源構成（図3-5）を見ると、火力発電の割合は78%と依然として高いままである。2030年度の電源構成がいま深刻な社会問題になっているが、ここでは、化学の視点から見たそれぞれの発電方法のメリットとデメリットを考えてみる。

　火力発電のメリットは、何と言っても低いコストで大きな電力が得られる

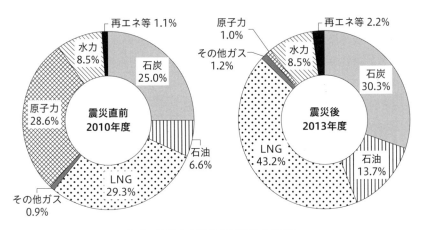

3-4　2011 年前後の電源構成の変化

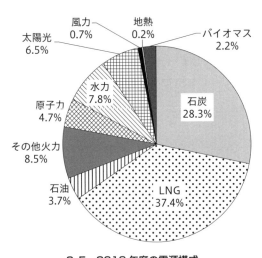

3-5　2018 年度の電源構成

ことである。現在、日本で一年間に消費する電力は 1000 TWh（1×10^{15} Wh）*

＊ TWh（テラワット時）　電圧 1 V（ボルト）で、電流 1 A（アンペア）が流れた時の電力を 1 W（ワット）という。10 の 12 乗（1 兆）を Tera（テラ）といい、1×10^{12} W = 1 TW（テラワット）、その電力を 1 時間使い続けると、1 TWh（テラワット時）になる。

である。このような見慣れない単位と数値を見てもピンとこないであろうが、たとえば普通の家庭で一日に使う電力がおよそ 10 kWh、これが一年で 3650 kWh、電気代はだいたい 12 万円になる。日本全体での消費電力はその 30 億倍になると考えるとその量がおよそ把握できるかもしれない。いずれにせよ、これはとてつもなく大きなエネルギー量で、そのおよそ 8 割を化石燃料による火力発電に頼っているのだから、少しでも安く大きな電力を供給できるという意味では、火力発電は現代社会には欠かせない。しかしながら、問題はいずれ枯渇する資源を使っていることと、CO_2 や有毒ガスを放出することである。基本的な発電方法は、コイルのそばで磁石が動くと電流が発生する電磁誘導という現象を活用している。そこで、磁石を装着したタービンを何らかの力で回して電流を得るのだが、それには石油、石炭、天然ガスを燃やしてその熱で水を気化し、水蒸気の圧力でタービンを回す方式が多く用いられている。これらはほとんどすべて有機化合物で C 原子を含むので、燃焼反応によって必ず CO_2 を放出する。

このタービンを回すのには他にもいくつかの方法がある。そのひとつが水力発電であり、川の水が一方向へ流れる力を使ってタービンを回す。基本的には化学反応を使っていないので、資源を消費したり CO_2 を生成することはなく、環境を守るのには適した方法である。これは'持続可能エネルギー'、あるいは'再生可能エネルギー'とよばれ、他に太陽光発電、風力発電、バイオマス発電などがある。デンマークやスウェーデンなどヨーロッパ諸国では急速に普及しているが、残念ながら我が国ではまだまだその割合は少ない（図 3-6）。

それではこれから先、我が国はどのような電源構成を目指せばよいのだろうか。まずは 8 割を占める火力発電について考える必要がある。燃焼反応によって熱を取り出し、それを動力、電気へとエネルギー変換しているのだが、どうしても CO_2 を始めとする副生成物を出してしまう。また、エネルギー変換の効率もさほど高くなく、発電法としては優れているとは言えない。それでも、何とかデメリットを少なくしようと、有機化合物からできた化石燃料の代わりに水素ガス（H_2）を使う発電法も試みられている。水素ガスの燃焼反応では生成物は水だけであり、これはクリーンエネルギーであるが、

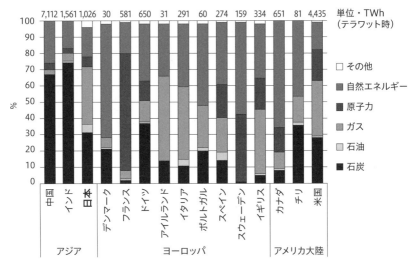

3-6　世界各国の電源構成（2018年）

問題は燃料となる水素ガスをいかにして得るかである。地表近くに存在する元素の割合をクラーク数というが、その表によると水素の割合は体積比にして0.83％である。ただ、空気中に水素ガスとして含まれているのはわずかに0.005％であり、これを分離するのは難しい。そこで、水の電気分解

$$2H_2O \;\rightarrow\; 2H_2 + O_2$$

あるいは炭化水素の水蒸気改質

$$C_nH_{2n+2} \;\rightarrow\; nCO_2 + (3n+1)H_2$$

によって水素ガスを得ている。しかしながら、いずれの方法でも化学反応を起こすのに大きなエネルギーが必要で、発電のための燃料として使用するのに適しているとは言い難い。したがって、火力発電はしばらくは化石燃料に頼るしかなく、なかなか資源の枯渇とCO_2放出のリスクを避けることがで

きない。そこで、重要となるのが原子力発電と再生可能エネルギーである。

d) 原子力発電か再生可能エネルギーか

　原子力発電は、ウラン（U）原子の核分裂反応で生じる熱を利用し、火力発電と同じように水を気化させてできる水蒸気の圧力でタービンを回して発電する方法のことである。アインシュタインは、物質の質量とエネルギーの間には次の関係式が成り立っていると提案した。

$$E = mc^2$$

ここで、c は光の進む速さ（3×10^8 m/s）である。この式の意味するところは、物質は存在するだけでエネルギーを持っているということである。核分裂反応では、分裂の前後で総重量がわずかに減少することが多い。その質量分のエネルギーが非常に大きな熱となり、それで水を加熱して気化させ、水蒸気の圧力でタービンを回す。ウランにはいくつか質量の異なる同位体が含まれているが、核分裂の連鎖反応を起こすのは ^{235}U（燃えるウランとよばれている）である。天然のウラン鉱石における含有率は 1% 以下で、連鎖反応を起こすためにはこれを 4% 以上に濃縮し、最終的には二酸化ウラン（UO_2）のペレットにして原子力発電の燃料棒としている。^{235}U が中性子（n）を捕獲すると核分裂が起こるのだが、代表的なのが

$$^{235}\text{U} + \text{n} \rightarrow {}^{95}\text{Y} + {}^{129}\text{I} + 2\text{n}$$

の反応で、^{95}Y（イットリウム）と ^{129}I（ヨウ素）と 2 個の中性子が生成し、その中性子が次の反応を起こして連鎖する。中性子を捕獲した ^{235}U の一部は、放射線（γ 線）を出す。また、分裂で生成した原子もほとんどが放射性で、それぞれの半減期にしたがってさらに変化していく。^{129}I の半減期は約 30 日で、これは 1 年経過すればほとんどなくなってしまうが、同じくウランの核分裂で生成する ^{137}Cs（セシウム：半減期 30 年）や ^{90}Sm（サマリウム：半減期 29 年）などは数百年の間残ることになる。放射性物質の拡散や、放射

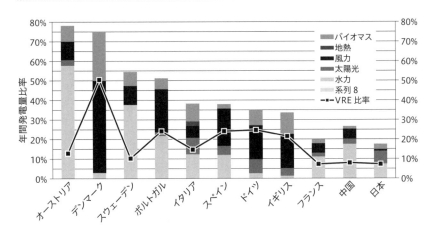

3-7　世界各国の再生可能エネルギー構成

線の被曝が絶対に起こらないように細心の注意を払うことは、原子力発電の絶対条件である。また、放射性物質で汚染されたゴミをどのように処理するのかなどの問題も解決しておらず、将来的に原子力発電をどうするのかという議論は、現在の日本の最重要課題である。

　再生可能エネルギー（renewable energy）とは、化石燃料や ^{235}U のように消費を続けていくと資源が枯渇してしまうものではなく、消費する以上の素速さで自然界に補充される持続可能なエネルギーのことである。図3-7は、世界各国での再生可能エネルギー構成である。太陽光発電は、太陽の光をそのまま電気に変換する方法で、太陽電池が用いられている。これは、電子が入り込むとその中を自由に動き回れるn型半導体と、電子が抜けてできる正孔（ホール）が動き回れるp型半導体を接合し、太陽光エネルギーで励起された電子とそれによって生じた正孔がそれぞれの電極に移動して電流が流れるものである。素材としては、シリコン（Si：ケイ素）の結晶にごくわずかの不純物（P, Asなど）を混入したものがよく用いられている。太陽電池といっても蓄電することはできないので、実際には光が当たっているときにしか電流が得られない。

　風力発電とは、空気の流れる力を利用してプロペラを回し電気を得るもの

で、水力発電の水の流れを空気の流れに代えたものだと考えればよい。基本的には、風さえあれば発電でき、副生成物も全くないので環境にも優しい。ヨーロッパ諸国では、すでに 30 ～ 40% の電力を風力で賄っているところもある。しかし、問題はその安定性であり、日本のように風の力や方向が目まぐるしく変わる場所では安定した電力を供給するのは難しい。また、海に近いところでは塩害によってプロペラが機械的に壊れたり、低周波被害といって、プロペラの回転で生じる音波が健康に悪影響を及ぼしたりといったような問題もある。そこで、遠洋上に大型のプロペラを設置したり、回転機構がない発電機を開発する試みもなされており、将来的には風力発電の割合を増やしていくことが望まれる。

　バイオマス発電とは、火力発電の燃料として、食品廃棄物や木の廃材、食品用の植物の不要部分などを使うものである。化石燃料と違って、我々の日常生活の中で定常的に出てくる物質を有効利用するので、再生可能エネルギーに分類されることが多い。バイオマスという語は、生物の総重量、現有量のことを指しているのだが、今では生物由来の素材を活用した資源という意味で広く使われている。発電の燃料としてだけではなく、化学反応を使ってメタンやエタノールに変えて車の燃料としての用途もあり、バスなどの公共交通機関で活用されている。バイオマスのほとんどが有機化合物なので、CO_2 を放出するのは問題ではあるが、人間が生活していく上での不要物の有効利用であり、再生可能エネルギーのひとつとしてこれからも利用されていくであろう。

　このような再生可能エネルギーは、なぜ常に補充されているのか。それは、元を辿っていくとすべて太陽光エネルギーから始まっているからである。水力発電を考えてみると、太陽光によって気化された川や海の水は上昇し、上空で雲になって運ばれ、雨となって降り注いで高い所に溜められる。この過程で水の位置エネルギーが増加したわけで、重力によって水が下に向かって流れ出すと、その力を利用してタービンを回すことができる。風力発電では、まず赤道付近で温められた空気が上昇し、地球の自転に伴って東から西へと流れる（貿易風）。その空気はやがて冷却されて亜熱帯付近で下降し、温帯付近ではそれが西から東へと流れる（偏西風）。また、太陽光によって陸や

海で温度差ができると、高気圧と低気圧が発生し、その間で空気の流れが生じ風となる。バイオマスでは、ほとんどが植物あるいはそれを食べて成長した動物が素材となるが、その栄養分は太陽光による光合成でできたものである。

　このように、再生可能エネルギーでは資源は常に補充されるし、地球環境をひどく破壊することもない。化石燃料は動植物の死骸なので、元はといえば太陽光エネルギーによっているが、何百万年という長い時間をかけて蓄えられたものであり、すぐに充足することはできない。現状のように大量消費を続けていくといずれは枯渇するものである。また、原子力発電に使われているウランは地球が爆発を繰り返してできたものであり、これも補充されることはない。

COLUMN 2　　　　　　　　**燃料電池、太陽電池、リチウム電池**

　この３つのうち、蓄電できるという本当の意味の電池はリチウムイオン電池だけであるが、３つとも環境問題に対して大きな貢献をしている。燃料電池は、水素ガス（H_2）と酸素ガス（O_2）を反応させて電気を取り出す装置である。技術開発が進み、家庭用の電源や自動車の駆動エネルギーとして、最近多くの場所で利用されるようになった。水素ガスを得るのにエネルギーが必要で、安価に電力を得るための最適な方法とはいえないが、CO_2 や有毒ガスを出すこともなく、環境に優しい電源である。優れた性能の触媒や水素ガスの有効な生成法など、さらに開発が進めばエネルギー問題の大きな改善につながると考えられ、我が国でも研究開発が続けられている。

　太陽電池（ソーラーパネル）は、光エネルギーを直接電気エネルギーに変換できるので、これからも重要なエネルギー源のひとつになるであろう。近年、空いた土地に大型のソーラーパネルを設置して大きな電力を得ようという試み（メガソーラー）もなされ、着実に普及しているようにも思われるが、夜間は発電できない、設備のコストが高い、送電システムや電力買い取りシステムがまだまだ不充分である、などの問題もあり、今後の進展を見守る必要がある。

　この２つのシステムで共通の問題は、定常的に安定して電力が供給できないことである。それを解決するためには蓄電の技術開発が望まれるのだが、いま期待されているのがリチウムイオン電池である。リチウム（Li）は電子を放出して陽イオン（Li^+）

になりやすく、そのままイオンの＋の電荷と電子の－の電荷を分離して保持できれば蓄電ができて電池になる。多くの場合、陽極にはコバルト酸リチウム（$LiCoO_2$）、陰極には黒鉛（C）を用いて電解質をセパレーターで分離する。Li^+はセパレーターを通過して陽極−陰極間を移動し、そのときの電荷の移動で充放電することができる。セパレーターの性能が極めて重要で、ポリエチレンなどの素材を巧みに加工して優れた特性をもつものが開発されている。リチウムイオン電池はコンパクトで比較的大きな電気容量を持ち、スマホやPCで威力を発揮している。最近になってサイズの大きな電池が開発され、電気自動車や大型電気製品の電源としても利用できるようになった。今後も社会にとって無くてはならない化学機器のひとつである。

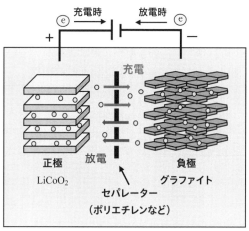

$$C + LiCoO_2 \xrightleftharpoons[放電]{充電} Li_xC + Li_{1-x}CoO_2$$

4 健康と医療

　現代社会において、医療の果たす果たす役割は極めて大きいものがあるが、その現場で大いに役立っているのがさまざまな化学物質と化学分析機器であり、医療にとって化学は無くてはならないものとなっている。ケガや病気の治療に必要なのが医薬品であるが、そもそも化学が生まれた動機となったのが不老不死への願いであり、薬で健康や長寿を叶えようという研究は絶えることなく続けられ、優れた医薬品が開発されて多くの人々を救ってきた。痛みの緩和や解熱であれば今では薬は簡単に手に入るし、長期にわたる治療が必要な高血圧や糖尿病などにも効果のある医薬品が開発されている。その結果、人間の健康状態はかなり改善されたし、平均寿命も長くなった。

　それと同時に、最新科学を擁した高度な医療も大きく進歩し、難病の克服や身体の障害などにも治療の道が拓かれつつある。MRI（磁気共鳴イメージング装置）を用いると、身体の内部の画像を高い精度で得ることができるし、種々の検査試薬や検体の精密化学分析を使うと、ガンや伝染病などを検知することもできるようになってきた。人の命を守るためにこそ化学は応用されるべきであるし、健康維持や治療のために化学の手法を適用することはとても大事なことである。

a) 医療に使われる化学物質

　19世紀になって、ある種の化合物に殺菌作用があり、伝染病の治療にも有効であることがわかって化学薬品が登場した。有効な化学薬品を見つけるのは容易ではないが、生化学の進歩によって生命現象に関わる化学反応のほとんどは酵素による触媒作用で制御される反応であることがわかり、X線構造解析やNMRから酵素の構造が理解されるようになって、薬の探索も合理的に行われるようになった。現在、数えきれないくらい多くの種類の化学物質が医薬品として開発されており、さまざまな病気やケガに応じて適確に使い分けられている。しかし、そのひとつひとつの開発に多くの人の努力とエ

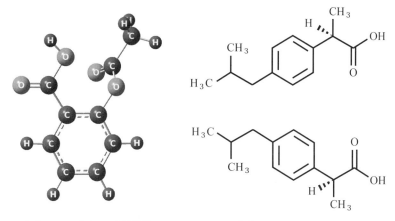

4-1　アスピリンの分子構造　　4-2　イブプロフェンの２つの光学異性体

　ネルギーが費やされ、貴重な研究成果として有用な薬ができていることを忘れてはならない。しかも対象が生命の化学物質なので、研究には細心の注意を払うことが求められる。

　地球環境が悪化して、今では多くの人がしばしば体調不良に陥る。風邪をひいたり、頭痛がしたり、発熱したりと比較的軽い疾病であれば、どこにでもあるドラッグストアへ行けば、感冒薬、鎮痛剤、解熱剤を容易に購入でき、苦痛を和らげることができる。よく知られているものにアスピリン（図4-1）がある。これは、アセチルサリチル酸という分子による物質で、分子構造も比較的簡単で安価で大量に合成することができる。最も標準的な消炎鎮痛剤で、あらゆる痛みを緩和するので今でも広く用いられている。一説には抗血小板剤として効果があるとも考えられ、脳梗塞や心疾患の予防のために、米国ではこれを定常的に服用している人もいる。ただ副作用の問題もあって、胃痛などによって健康被害を受けるケースもある。そこで近年開発されたのがイブプロフェン（図4-2）で、消炎鎮痛剤としての効果は大きく、胃腸障害などの副作用も比較的少ない。イブプロフェン分子は不斉炭素を持ち、２つの光学異性体（鏡像体）が存在する。有効成分は、そのうち（S）体とよばれる方だけであるが、（R）体にも毒性はないので、その１：１の混合物（ラ

セミ体）をそのまま一般医薬品として使用している。生体作用を示す分子に
はこのような鏡像体を持つものが多いが、中には片方が薬理作用を示すのに
対し、もう一方は有毒である場合もある。その医薬品も薬か毒かは紙一重で、
化学的な分析と検証は絶対に必要である。さらに、どんなに有効な医薬品も、
服用量を間違えると深刻な副作用を引き起こして危険となる。「医者のさじ
加減」も化学の基礎のひとつで、医薬品で重要なのは分子構造だけでなく、
質や量のコントロールが肝要となる。

　医療で必要な化学物質は医薬品ばかりではない。医療の現場では、看護、
介護、治療に必要な医療用品がたくさんあり、そのほとんどが特殊な化学物
質でできている。従来は金属、ガラスの器具がほとんどであったが、今はプ
ラスチック素材が多くなっている。医薬品の包装と保存容器、液体のパック、
気体ボンベやチュービング、さらには注射器や手術用具など、あらゆるとこ
ろでプラスチックが使用されていて、その重要性はますます高まっているが、
問題はその原料である石油の消費と廃棄である。感染症や伝染病の危険があ
るので、医療器具は使い回しをすることができず、常に新品を使用するので
消費量は膨大なものになる。当然廃棄するプラスチックの量も多くなるが、
医療に使用した器具は病原菌で汚染されている可能性もあるので、迂闊に捨
てることは許されない。ましてやプラスチックゴミになったら、その被害は
地球環境にとって深刻なものになる。消費量の節約と安全の確保は、二律背
反となってそのバランスを取ることはなかなか難しいが、石油資源の消費と
いう意味では医薬品も無駄に使うべきではないし、医療品も含めて、適切な
リサイクル、リユースの新たな仕組みの開発が望まれる。医療に必要という
意味では、ほかにも酸素や合成繊維やレアメタルといった物質も大切にしな
ければならないし、化学物質を無駄なく有効活用できるように、基礎研究を
継続的に進めることが大事である。

b）ビタミンとは何か

　多くの病気が食事の欠陥によることは、19世紀末までには経験から知ら
れるようになった。1774年にイギリス海軍の外科医リンドは、壊血病を罹っ
た船員にオレンジやレモンを与えて治療した。1884年、日本海軍の軍医高

木兼寛は、白米に変えて多様な食品を食べると脚気にならないことを見出した。1886年にエイクマンは、米ぬか中に脚気に効く成分があることを発見した。20世紀の初めにイギリスの生化学者ホプキンスは、ネズミをさまざまな食餌で飼育して寿命を調べ、自然の食品に含まれる無数の物質が健康の維持に必要であると結論した。1910年、鈴木梅太郎は脚気に効力のある成分を米ぬかから抽出し、'オリザニン'と命名した。1912年にフンクは、酵母から脚気に効果のある水溶性の成分を抽出して'ビタミン'と命名した。鈴木の発見の方がフンクよりも先であったが、鈴木の発表は日本語で行われたのですぐに世界には知られず、フンクのビタミンの名が残った。1913年にアメリカのマッカラムが、バターや卵黄中にネズミの成長に不可欠な成分を抽出し、これはフンクの抽出したものとは性質が異なっていた。1920年にドラモンドがこれを'ビタミンA'と命名し、フンクのものは'ビタミンB'と再命名した。彼はさらに、柑橘系の果物から壊血病に効果のある成分を抽出して'ビタミンC'と命名した。こうして、生命の維持に必要な微量成分が次々と見つかり、アルファベット順に命名された。その後、ビタミンBには似た性質をもつ物質のグループがあることもわかり、ビタミンB群として、B_1, B_2, B_3……と順に命名された。

　今では、生命で必要な微量物質で体内で充分な量を合成することができない有機化合物をビタミン、無機化合物をミネラルとよんでいる。人間が必要なエネルギーは炭水化物、たん白質、脂質の燃焼反応で賄われている。しかし、野菜や果実を食べないと身体に不調をきたすことは古くから知られており、それらに含まれる何らかの化学物質が生体内の化学反応をコントロールしてるのだろうというのは容易に予想されることである。研究が進んでその物質が特定されると、分子がどのような構造をしているのかが最大の課題となったが、それを実現したのが、X線回折による結晶の構造解析であった。ビタミンの最初の例が、ドロシー・ホジキンによるビタミンB_{12}（図4-3）の構造解析であり、それはシアノコバラミンとよばれる分子量1355のコバルト原子を含む有機分子であった。この研究によってビタミンを分子レベルで研究することが可能となり、その後ビタミンB_{12}の役割やそれによる代謝の過程が正確にわかるようになった。実際には、赤血球の生成や神経伝達で

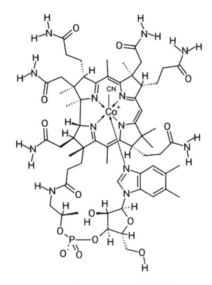

4-3　ビタミン B₁₂ の分子構造

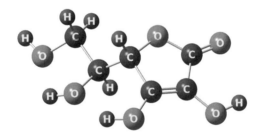

4-4　ビタミン C の分子構造

重要な役割を果たしており、不足すると貧血、疲労感、感覚異常、ひいては精神疾患にもつながって健康な状態を保てなくなる。

　ビタミン C（図4-4）は、多くの研究の結果、L-アスコルビン酸であることがわかった。分子量は 176 でビタミン B₁₂ に比べると簡単な分子構造をしている。コラーゲンを構築する補酵素であったり抗酸化作用のための基本物質であったりと、これも生命を維持するのに重要な多くの機能を持っていて、

不足すると皮膚の異常、筋力低下、倦怠感などの症状が出ることが多いし、ひどくなると体内出欠や壊血症、精神障害などの危険な状態に陥る可能性もある。一日の必要摂取量は 0.1 g と考えられていて、吸収されやすい形で多く含まれている野菜や果実を毎日一定量食べる必要がある。アスコルビン酸は水に溶け、熱に弱い物質なので生鮮食品をそのまま生で食べるのが効果的であるが、近代社会ではそれが少し難しくなってきたのが問題である。野菜や果実の栽培には温度や水のコントロールが必要で、さらに短時間で都市部へ流通させなければならないので当然価格が高騰する。炭水化物、たん白質は食べないわけにはいかないので、おのずと野菜や果実といったビタミン源の摂取が少なくなる。そこで、化学合成によって L-アスコルビン酸を大量生産し、保存が効いて手軽に摂取できるサプリメントという形で補給することが増えてきている。比較的安価に手に入るし、食事の準備をする手間も時間も省けるので市場も拡大し、サプリメントビタミン剤は今ではひとつの大きな化学産業となっている。異常気象による供給不足などもあって、天然食品から人工食品への移行はある程度は仕方のないことで、これからの食文化に化学を応用した加工食品の役割がますます重要になるとも予測されている。

c) 人体の内部を化学で調べる

　先端医療の進歩には目を見張るものがあるが、そこで必要な医薬品を開発するためには有機化学、有機合成化学、生化学、そして応用化学が必要なことは容易にわかる。ここで指摘しておきたいのが、基礎的な分野である物理化学、量子化学が、医療の分野にいかに大きな貢献をしているかということである。19 世紀の後半に統計熱力学を基にした物理化学、20 世紀の前半に量子化学が確立されたが、その理論体系はその後の化学を大きく変えた。分子やその集団である物質の理解が変わったので、当然のことながら医療への応用にも大きな進歩があった。X 線回折結晶構造解析で、たん白質や DNA の分子構造が推定された。現在の物理化学の知識と理論を活用すると、そこからその物質の性質が推察される。そこから化学反応の考察をして、人体と生命のしくみと照らし合わせることによって、はじめて人体の内部がわかる。医療で大事なのは正常な状態を正確に知り、人体の状態をそこに戻すことで

あるが、そのために物理化学をベースにした検知、分析手法を駆使して細かい情報とデータを収集し、治療法を探索する。そのとき、この分子は水溶性であるのか、熱に強いか、化学反応は起こしやすいかなどを、量子化学理論計算によって予想することができる。

　まずは人体の内部の組織や器官のようすを見るのに、画像のデータが必要となる。従来はX線透過写真、いわゆるレントゲン写真を使って肺の結核や骨の状態を観察していた。現在も集団健康診断ではレントゲン写真の撮影が実施されていて、健康状態のチェックがなされている。しかし、その分解能や精度はさほど高くなく、またX線に度々被曝するのも良くないので、新たにMRIが導入されるようになった。MRIはレントゲン写真よりも精度が高く、細かいガン細胞や筋肉、血管の異常などの発見に極めて有効である。

　人体の内部の様子がわかったら、次はもっとミクロな視点から分子レベルでの理解が必要となる。異常や障害が化学物質の観点からどのような形で起こっているのか、たん白質やDNA、RNAの分子構造を調べれば、正しい治療法も探し出せる。分子の構造が極めて重要なのが、DNAの塩基配列である。アデニン（A）、グアニン（G）、シトシン（C）、チミン（T）の4つの塩基が長い二重らせんのDNAの中でどのような配列をとっているかは遺伝情報そのものであり、最新の化学分析機器を使えば短時間で大量の情報を読み取るのが可能である。そこでも、NMRやレーザー光を用いた観測という物理化学の手法が巧みに応用されている。

　このように、現在の先端医療は、基礎化学を的確に応用することで大きな成果を生んでいる。そこで重要な課題のひとつに化学反応過程の解明がある。生体内で起こっている複雑な反応系を理解しないと難病の治療はできない。最近危惧されているのが、医療、バイオテクノロジーなどの応用化学のベースとなっている基礎化学の研究が縮小され、国全体としての科学力が低下していることである。学術基礎研究は長い時間と努力の積み重ねが必要で、すぐに成果や利益につながらないので社会的にはなかなか認められず、最近の若い世代にはあまり歓迎されていない。それでも医療を始めとする重要な分野で高度な科学を維持していくためには、そのベースとなる基礎研究を継続していくことが何よりも大切である。

5 これからの化学と社会は

　21世紀になっても自然科学は着実な進歩を続け、社会で果たしている役割がますます大きくなって、人間のライフスタイルや生き方自体を左右するようになってきた。物質に支えられている現代社会においては、その中でも化学という学問が特に重要であり、社会を知り未来を考えようとすると、まずは化学を学ばなければならない。そして、これからどのような社会にしていくか、みんなの知恵を絞っていければよい。

　IT機器が飛躍的に進歩し、コンピューターや精密機械が人間の代わりに仕事をするようになった。パターン化した単純作業をするのは機械の方が正確だし、要する時間も短い。疲れも知らないし、力も強い。最近注目されているのが人工知能（AI : Artificial Intelligence）である。これは、コンピューターを使って人間の知能が果たす機能を再現しようという試みであり、まだ細かい定義とかは定まっていないが、およその方向性が出された段階だと考えてよい。最終的には、人間と同じように認識や判断と、それに伴う行動ができれば、化学での応用は大きく広がるし、化学自体もかなりの影響を受けるだろう。

　高度な文明を築き、快適で便利な社会を作ることばかりを望むと、地球環境を壊しかねない。現実として、19世紀のヨーロッパで起こった産業革命は大気や河川の汚染を招いたし、20世紀後半の高度経済成長はCO_2の大量排出により地球温暖化を引き起こした。他にも、オゾン層破壊、酸性雨、砂漠化など多くの問題があって、早急に対策を講じないと動植物が生息できる環境を守っていくことはできない。

　それではどのような解決策があるのだろうか。化学の基礎研究では、まずは問題となっている事象を正確に観測、把握し、その原因を考察する。そこでいくつかの仮説を立ててそれをひとつずつ検証していく。煩わしくて時間のかかるやり方であるが、困難な問題を解決するにはこれしかない。そして、何より大事なのは、それを実行できる若い人材をいかにして育てるかという

ことである。

a) IT 機器と AI に依存する社会

　我々が若かった時代、大学の化学実験の授業と言えば、分析化学での原始的な天秤による物質の秤量、液体を一滴一滴垂らしていく酸塩基滴定、忍耐強く操作を続ける有機化合物の合成と分離。それも職人の手仕事みたいな作業をこなさなければならず、退屈で必ずしも興味が持てるようなものではなかった。偉そうな教官にこれが大事なんだと諭され、渋々それに従って単位を取った。今の時代ではこれは全く通用しない。化学ははるかに高度なものになって、実験操作や分析観測には精密機械が必要不可欠である。そのような状況で先端化学研究をしようとすると高価な機器を揃えなければならず、予算が獲得できる大きな研究室に限られてしまうのは当然のことである。

　さらに最近は、実験やデータ解析の自動化から AI の導入という流れになっていて、今の段階で学問、研究における機械と人間の関係をしっかり考えておくことは極めて重要ではないだろうか。単純作業や複雑な計算はもちろん機械には到底及ばないが、それでは化学者としての人間の真の能力とは何であろうか、人間にしかできないこととは何だろうか。少なくとも、天秤がうまく使えたり、液体を一滴一滴うまく垂らせるという技術ではないのは明らかである。コンピューターを導入した最新機器を使いこなし、質が高く正確なデータをいかにして得るのか、というのが優れた実験化学者ということになるのだろうか。

　京都には島津、堀場といった伝統ある化学機器の会社があって、そこで開発された優れた分析機器は、これまで数多くのデータを生み出してきた。20世紀の機器は多少原始的とも思われる単純な構造をしており、面倒な操作とメインテナンスが必要であったのだが、実はそれがデータの精度と質を保証していた。ウォームアップが 1 時間、ダイヤルは優しく同じ方向に回して合わせる。毎日の点検作業と標準値の確認が求められ、まるで機器を人間のように扱って苦労して実験を行った。最近の機器にはコンピューターが導入されて、はるかに使いやすくなってはいるが、実はその代わりに何かを失ったような気がしてならない。おそらく、煩雑な操作とわかりづらいマニュアル

に接することによって、測定の原理や実測の精度や誤差の大きさの感覚が身についていたのではないだろうか。何も苦労をせずに据え膳的にデータが得られたら、本質的なことを何も理解せずに研究を終えたということになり、これは必ずしも良いことではない。一般的に、機械による自動化が進むと精度と効率は上がるが、本質の理解は薄れる。これから起こるであろう機械と人間のせめぎ合いで鍵を握るのは、本質を理解することが研究にとってどのような意味をなすのかを、どれくらい理解してもらうかのような気がしている。

　AIは今でも多くの分野で導入され、自然科学からは少し離れるが、自動運転、介護医療、AI先生、AI弁護士などが考えられていて、近い将来、人間の仕事の多くが人工知能で置き換えられる可能性は大きい。その是非はともかく、AIにできることは何か、人間がやるべきことは何かを明確にしておかないと取り返しのつかないことにもなりかねない。化学でまず重要なことは、さまざまな化学物質のコントロールであり、特に大量に使っている水や化石燃料などの無駄使いは禁物である。これらの資源を実際に使用するためには、水の浄化や原油の分留などの大規模な化学処理が必要で、それに費やすエネルギーを最小限に抑え処理の効率を上げるためには、処理過程を機械で正確に管理し、さらに製造物質の保管や供給についても計画的に行うことが必要になる。これを人間が確実に行うのは大変で、やはりコンピューターやAIの導入は避けられそうにない。また、IT機器の製造に必要なレアメタルの精製、放射性物質の適正な使用と安全管理など、量的には非常に少ないが希少価値の高く危険性のある物質のコントロールは、人間の手ですべてをこなすのには限界がある。社会にとって重要なエネルギーの問題では、火力発電だけではなく、再生エネルギーをミックスして、電力をできるだけ効率的に使用したい。そこで、AIを導入して、発電と供給を総合的にコントロールしようという試みも続けられている。ソーラーパネルと燃料電池などを組み合わせて一般家庭の電力を賄うスマートホームとよばれる方法や、AIを使ってさまざまな発電源を適正に切り替えながら限られた地域の電力供給を管理していくマイクログリッドとよばれるシステムである。化学物質とエネルギーは人間の日常生活にとって重要なものであり、自動的にかつ合理的に使うためにも、適切なIT機器とAIの開発研究が大いに期待される。

　他にも AI の導入が望まれていることとして、定常観測とデータの自動処理がある。特に地球環境問題を解決するためには、たとえば大気の中に含まれる化学物質の種類と量と分布を常に観測し、膨大なデータを確実に保存するといった作業が必要になる。最も重要なのが、成層圏のオゾンや大気中の CO_2 の観測で、それらの量と分布、あるいはその動きを常に監視することが世界中で継続的に行われていて、その結果は環境保全の基礎データとして欠かせないものとなっている。現在は、人工衛星からの分子スペクトル測定が基本で、衛星の移動や観測器の設定、得られたデータの解析と蓄積を継続的に行うことは、人間が実行できる仕事量をはるかに超えている。ましてや、そこから環境破壊の原因を探って対策を講じるのは人間には難しいことであり、機械学習、深層学習を備えた AI にしかできないことかもしれない。

　ここで考えておかなければならないのが、価値観や判断基準が機械と人間で異なるということである。大気中の CO_2 が増加して地球温暖化が進むのを多くの人間はさほど深刻に受け止めていないが、先の予測ができる AI であれば、何らかの判断を下して先に行動を起こす可能性もある。その防止のための手段を取るか、高温の地球に対応するための準備をするか、それが人間にとってもプラスであれば問題はないのだが、CO_2 排出の元を断つといった判断を下されると、産業が停止して我々にとっては大きなダメージにもなりかねない。しかし、人間以外の動植物にとっては有難いことなので、客観的に見ると正しい判断であるのかもしれない。このような人間と機械のせめぎ合いは、あらゆる分野で起こりうるものであり、AI を開発する人間の責任は重い。

b) 化学物質と自然の共存

　化石燃料とそれから作られるプラスチック、希少金属、半導体など、さまざまな化学物質が現代社会を支えているが、それと同時に人間社会は自然界によって成り立っているものであるから、地球環境を壊してしまうようなことがあってはならない。しかしながら、不要になった化学物質の廃棄や化学産業による大気汚染など、かなり深刻になっている問題も少なくない。地球温暖化は、異常気象による自然災害、山火事、砂漠化、食糧不足などの多く

の問題を引き起こすので、これを防ぐことは緊急課題である。化石燃料を燃やす量が許容範囲を超えてしまっているのは明らかであるが、とにかく使用量をできる限り減らさなければならない。化学の観点からは、燃焼反応の条件を精密制御したり、新たな発電方法を開発したりとかで解決できる部分もあるとは思うが、何と言ってもエネルギーの使用量を少なくすることが重要であろう。水力発電を含む再生可能エネルギーの普及は真剣に考えなければならないことなのかもしれない。

地球温暖化は生態系を変えてしまう。長い地球の歴史の中で、高温であったり低温であったりした時期もあったのだが、最終的には現在の状態に落ち着き、多くの動植物の生息に適した環境となっている。そこで繁栄した人類は高度な科学力を持つようになって近代的な物質文明を築き、地球環境の一部を変化させてしまった。当然のことながら、他の生物種は生息地を変えたり、新しい環境に耐えられるように進化したりしなければならず、それが出来ない種は絶滅していく。自然との共存を図っていくためには、まずは地球の状態に大きな変動を与えないことが前提となる。

動植物に欠かせないのが、地球の大気である。現在の最大の問題は発展途上国の大都市における大気汚染であり、ひどい時には視界がほとんどなくなり、我々人間も呼吸が困難になるほどになっている。同じような状況は、20世紀後半の東京や世界の大都市でも起こったが、各国が協力して対応し、触媒を使った排気ガスの浄化やエンジン内での燃焼反応の制御によって、ほとんどの都市で清らかな空気が戻ってきた。現在では、特にインドや中国など人口が多い国の大気汚染は深刻であるが、化学技術の適用と化石燃料の使用量削減など、行政を中心に努力を重ねていかなければならない。20世紀の終わりには、成層圏のオゾン層が無くなる、いわゆる'オゾンホール'が注目されたが、その原因が人間が排出するフロンガスであることが化学研究で明らかになり、国際協力でその排出を厳しく規制した。悪化した地球環境の回復には長い時間を要するが、化学的な研究を進めるとともに対策を取り続けていく必要がある。

大気と同時に我々にとって重要なものが水であるが、水圏の汚染もかなり深刻なものとなっている。地球上での水の循環は、陸地の浄化だけではなく

気候の安定化にも役に立っているので、河川や海洋に化学物質が投棄されてゴミが混じると、生態系が崩壊するばかりでなく、世界の気候も変わってしまう恐れがある。今でも投棄されたプラスチックは海で生きる生物の生命を脅かしているし、産業で排出された化学物質が河川や海洋に流出している。また、大気中の CO_2 濃度が高まると、海水中に溶け込む量が多くなり、その結果海水がより酸性に傾くこともわかっている。海に棲む生物にとっては水の酸性度はとても深刻なことであり、すでにサンゴの死滅などの報告がなされている。

　水という物質は地上の温度の調整にも役に立っている。液体の水が蒸発するときにかなりの熱を奪う（気化熱）のだが、それによって水自体の温度上昇が抑えられ、太陽光で海水が高温になり過ぎないように働いている。冬から春になって温度が上がると、氷が解けて液体の水になるが、その時にもかなりの熱量が必要で（融解熱）、海水の温度が急激に上昇して激しい変化が起こるのを防いでいる。逆に温度が低くなる時には熱量が放出され、激しい変化を和らげていて、水の相転移が地球上の急激な温度変化の緩和に重要な役割を果たしている。水は熱しにくく冷めにくい。気候を安定化するのに水とその循環は極めて重要である。その水が化学物質によって汚染されると本来の性質が保たれず、循環のしかたも変わってしまう。地球上での物質と状態のバランスは絶妙なものであり、少しでも条件が変わると大きく変動してしまうことが多い。それぞれの地域で安定した気候を保とうとすれば、まずは水を清浄に保つことが大事である。生物に適した水というのは、中性で透明で清らかな水のことである。

c) 我が国の化学と国際社会

　地球環境を守ろうとすると、各国それぞれが独自の対応をしていてもなかなか効果が上がらない。地球上では大気も水も常に循環しているので、ある地域で汚染があるとそれが移動して拡散し、世界中が被害を受ける。大切なのは、国際協力によって確実かつ有効な対策を実行できるかということである。しかしながら、どのような資源を持ち、どのような化学を備えているかは国によって大きく異なり、それぞれの立場を認めて譲り合いながら、国際

協力を進めていくことは容易ではない。我が国には化学物質の資源がほとんどない。石油やレアメタルなど、近代社会に欠かせない物質の原材料を自ら産出することができず、ほとんどを輸入に頼っているのが現実である。代わりに高い水準の化学技術と多くの優れた化学者の力によって、特殊な機能物質やデバイスを製造して輸出し、国の経済を支えてきた。現在でも日本の化学研究や化学産業の水準は高く、国際的にも大きな貢献をしている。その礎は、明治維新の際の諸外国との交流によってできたと考えられるが、化学の力で国を豊かにしようとする願いはその後も受け継がれ、近代化学産業の根幹をなしているようにも思われる。日本人のノーベル化学賞受賞者が多いのは、我が国の化学の水準が高いことを示していると言われるが、その発展においては常に海外との交流を図って新しい知識を吸収し、技術を導入してきた日本人の特性も認識する必要がある。その結果として、日本の文化に見合った独自の化学が生まれ、化学産業を通じて国際社会にも大きなフィードバックを与えてきた。最近になってそれが縮小の傾向にあるのは残念なことだが、それは日本の科学全体のレベルの低下にも原因があり、まずはもう一度自国の科学力の底上げから始めるのが得策かもしれない。

　いま特に国際協力が必要なのは、地球環境とエネルギー問題であるのは間違いない。資源の獲得や産業の発展を考えれば、資本主義のもと各国の企業が自由競争していくのは必要だと考えられるが、地球環境の保全は経済活動と相反するところもあって、それぞれが譲歩し合って共存していくことも大事である。CO_2 の排出削減の最初の一歩は、1997 年に合意された「京都議定書」であった。目標の達成は充分になされることはなかったが、その精神はその後も引き継がれ、今日の環境保全活動につながっている。何よりも、現実に環境破壊は進んでいて、地球を守るためには世界が協力していかなければならないという意識が高まったことの意義は極めて大きい。それぞれ文化が異なってすんなり受け入れられないこともあるのだが、たとえ合意に至らなかったとしても、だから無制限に CO_2 を排出してよいということは決してない。地球環境を守ることは自分たちのためではなく、他の国の人のため、あるいは次世代、次々世代のための我々の責務であって、国際倫理と世代間倫理とを、きちんと考えて伝えていきたい。

d) 基礎学術研究をベースに 21 世紀の化学を

　化学の発展の歴史を辿ると、基礎研究がいかに大事かということがよくわかる。真実を知りたいという知的好奇心に駆り立てられた天才たちが、近代化学の基礎を築いた。それは 21 世紀の今でも同じで、研究分野が細分化、専門化されて視野が狭くなってはいるが、有益性を求めず学問性の高い基礎研究が国内の化学研究のレベルを高め、ひいては化学産業や自然科学全体の発展にもつながっていく。

　日本で発見された原子番号 113 の元素は、「ニホニウム（Nh）」と名付けられた。その原子は、原子番号 30 の亜鉛（Pb）と 83 のビスマス（Bi）の 2 つの原子を超高速に加速して衝突させてできたのであるが、出現する確率は極めて小さく、またとても不安定（寿命：0.001 秒）なので、すぐに社会の役に立つものではない。しかし、新たな原子を作ったというだけで、我々基礎化学者は気持ちが高揚し、その詳細を知りたくなる。19 世紀までは、「元素を変えることはできない」というのが大前提であったのが、原子核は崩壊、融合することが確認され、普通の金属から金や銀を作るという錬金術の考えが実は正しかったことになる。多くの有名な科学者が錬金術を試みたのも、直感的に「原子は変えることができる」と思ったからなのかもしれない。人工合成元素ができたからといって社会が大きく変わることはないが、純粋な化学者の知的好奇心からわくわくするし、原子核の概念が少し変わったのにも深い興味を覚える。ただ、このような基礎的な化学を楽しむためには、社会的、経済的なゆとりが必要である。

　19 世紀から 20 世紀にかけて基礎化学研究を担ってきたのは、社会のゆとりに支えられた大学の研究室であった。我が国の現状をみると、特に基礎研究のための環境が悪化しつつあり、日本の化学の将来を考えると不安になる。すぐに応用に結び付くわけでもないし、予算獲得も難しいし、名声を得ることができにくいので、最近は基礎研究を志望する学生の数は少なくなっている。しかし、基礎研究は未来の化学のベースとなるべきもので、物質の本質的な理解や基本法則の導出といった重要な研究は、大学の研究室でないとできないものであろう。さらに大事なことは研究者の育成で、未来の化学を担い、産業を発展させることのできる能力の高い人材を育てることが必要であ

り、その鍵は大学での高等教育にある。科学全般が高度になって、理系の学生が学ばなければならないことはかなり多くなっているのだが、その分 'ゆとり' がなくなっているのは望ましくない。将来、学問や研究に携わろうと思うと専攻分野を選択することが大きな問題となるが、自分にあった分野を見つけるためには、広くいろいろなことに触れ、基礎を学ぶことが大切である。同じ状況は高等学校の生徒の大学選択でも起こっていて、化学者を目指そうと考え、その道を歩み始める高等学校高学年での教育や進路指導も見直す必要もあるかもしれない。そこでも 'ゆとり' は必要であって、自分に合った大学や学部の選択をするためには、多くの分野の基礎を学び、しっかり考えることが大事であるが、多くの場合大学受験が先に立って、ランキングの高い大学に合格するための科目選択という本末転倒の状態になっているような気もするが、入試問題が短時間で正確に解けることが科学者の能力であるとは思えないし、本来の科学の面白さは薄れる。実は今の理系の高校生のほぼ 100% が「化学」を選択するが、高校の化学は記憶科目であると言われていて、難しい考察が少なく、しっかり勉強すれば確実に解答できるのがその理由である。しかし本来は、化学は快適で安全な日常生活を送るための基本であり、当然すべての人が学ぶべきものである。さらに化学に携わって生きていこうとすれば、知識の記憶ではなくて本質の理解の方が重要であり、その原動力は科学への興味、あるいは知的好奇心であることを忘れてはならない。

　ゆとりを持って長い時間をかけて人材を育てるというスタンスで教育を続けていけば、将来必ず多くの優れた化学者が育つに違いない。20 世紀には実現できなかった新しい化学が生まれる可能性も出てくる。それでは、21 世紀の新しい化学とは何なのだろうか。もちろんこれが正解というものはないのだが、自然との共存を図っていく上で、若い世代が何を望むのかが決め手となる。ひとつ問題提起したいのが、人間の生活をこれ以上快適、便利にする必要があるのだろうかということである。人工合成食品をたくさん作れば食事はもっと簡便になり、食糧事情も改善される。高性能プラスチックをどんどん開発して、衣料や住居を完全なものにする。特効薬を創り出して病気やケガによる苦痛をなくす。AI や最先端科学技術によってすべてが実現可能な時代になるのかもしれないが、いったいこれらは人間に進化をもたら

すものなのか、退化なのか。さらに物質文明としては発展なのか、崩壊なのか。しっかりした判断基準を持っていないと、将来の方向性が打ち出せない。

　21世紀の化学ということでは、それぞれの用途に適合できる多様性も大事な要素である。社会がますます高度になる中で、化学物質をどのように使っていくのか、AIやIT機器をどれくらい導入するのか。一般的な是非の判断ではなく、一人一人が自分でデザインして、それぞれのライフスタイルを構築できるようになればよい。個人個人のニーズに化学がうまく応用できるように、多様性を持って研究、開発を進めていくのもひとつの方向性として考えられる。やみくもに新しい特性や機能をもったものを創り出すのではなく、限りある資源を合理的に使って、個人一人一人の用途に最適な物質やデバイスをカスタマイズで供給していくのも、新しい時代の化学なのかもしれない。そのためには人間が何を望み何が必要なのかを理解する必要があって、機械がそれをどれだけ学習できるかはわからないが、何よりも人間に寄り添ったシステムを創るのが一番の目的であるはずである。それを達成するために機械を活用するのは全く問題はないが、最終判断、選択については、どうなのか。その答えは今のところ出ていないように思うが、社会が急速に進んでいるなかで、人間一人一人に最適であるような多様的な化学をめざすのが重要である。それぞれの具体的な方策については本書をもう一度めくって考えてもらいたい。

あ と が き

　故きを温めて新しきを知る。化学の歴史を辿っていくと、現代の物質文明がどのように構築されたかを理解することができます。さらに繰り返し歴史書を紐解くと、社会的な背景や重要人物の内面が見えてくるようになり、そのつど新たな発見をするものです。本書で化学の歴史をまとめてみて、これからいったいどのような歴史が刻まれるのだろうかと、ますます期待が高まった感じがします。学問の起源は人間の知的好奇心だとよく言われますが、多くの場合何か他の理由もあるような気がします。化学では、それが人間の欲望だったり名声や富を得るためだったり、その時代の流れとともに社会情勢が複雑にからんでいて、興味が尽きません。

　現代社会で化学が果たしている役割は極めて大きく、よく知られているものばかりではありますが、重要ないくつかのテーマに焦点を絞って、第Ⅱ部で少し詳しく紹介してみました。難しくてわかりづらいところもあるかと思いますが、今はインターネットを使ってすぐに検索できるので、適宜活用して補足してもらいたいと思っています。少しこだわって深堀りしてみると、成功の陰でどれだけ多くの人が時間とエネルギーを費やし、努力を重ねてきたのかも思い測ることができて、自らの励みにもなります。

　20世紀の終わりには、物質文明を支える化学の基礎はほとんど出来上がり、21世紀に向けて期待が膨らみました。奇しくもコンピューターとIT機器の革命が始まり、夢だと思われていたことが現実のものとなり、応用化学は現代社会に大いに貢献しました。特に経済の発展は化学産業を飛躍的に発展させ、それがまた新たな機能物質を生み出して、今や日本の化学は世界をリードしていると言っても過言ではありません。しかしながら、筆者が主張したかったのは、その根幹をなしているのが基礎研究であり、将来も我が国の化学の発展を望むのであれば、継続的に基礎研究に力を入れなければならないということです。

第Ⅲ部では、化学が社会にどのように関わっているかを具体例を挙げなが
ら解説しました。化学は人間社会に大きな富と快適な生活をもたらしました
が、資源の消費と廃棄物、地球環境の破壊など、問題点も少なくありません。
その解決なしに明るい未来はないような気がして、多くの方が化学を学び、
化学に携わってもらうことがとても大事だと思っています。実際に大学で教
鞭を取っていると、熱意に満ちた優秀な学生さんとしばしば出会い、それぞ
れが立派な化学者に育っていけるように、きちんと教育してあげなければな
らないと、いつも自分に言い聞かせています。そのために必要なのが優れた
教材や啓蒙書であり、本書がそれに役に立つのを願っていますし、新しい時
代を迎えてこれからも化学の魅力を社会に発信していきたいと考えています。

　京都大学学術出版会の鈴木哲也編集長、永野祥子氏、大橋裕和氏に深く感
謝します。忌憚のない議論と適切な助言を頂き、筆者の思いをきちんと著書
にすることができました。皆様のご尽力がなければ、本書が生まれることは
ありませんでした。ありがとうございました。

令和元年 11 月　　筆者

図版・写真出典

Ⅰ部

3-3 Hieronymus Brunschwig. Liber de arte distillandi. Strassburg: 1500. Page 39 verso. the National Library of Medicine.

3-4 Georgius Agricola; translated from the first Latin edition of 1556 by Herbert Clark Hoover and Lou Henry Hoover. De re metallica. London: The Mining magazine; 1912. Book VII, p. 265. "A FIRST SMALL BALANCE. B SECOND. C THIRD, PLACED IN A CASE." Internet Archive.

Ⅱ部

3-13 https://www.sciencemag.org/news/2012/05/scienceshot-smallest-olympic-structure-sets-record

4-6 https://astamuse.com/ja/published/JP/No/2001124696

5-1、5-2 Majed Chergui and John Meurig Thomas 'From structure to structural dynamics: Ahmed Zewail's legacy.' Structural Dynamics 4(4):043802. 2017.

5-8 徳増研究室 HP（http://www.ifs.tohoku.ac.jp/nanoint/jpn/about/index.html）

6-5 https://newswitch.jp/p/19018
https://ja.nantero.com/technology/#lightbox/0/

6-8 http://qblab.imr.tohoku.ac.jp/jpn/research/index.html

6-18 http://www.apc.titech.ac.jp/~thitosugi/hitosugi/stm_gallery.html

コラム6写真右　Franklin R, Gosling RG. Molecular Configuration in Sodium Thymonucleate. Nature 171; 1953: 740-41.

Ⅲ部

2-3 https://www.enecho.meti.go.jp/about/special/tokushu/anzenhosho/koubutsusigen.html

索　引

● 人名索引

著者略歴

馬場　正昭（ばば　まさあき）

1977 年　京都大学理学部卒業

1979 年　京都大学大学院理学研究科修士課程修了

分子科学研究所文部技官、神戸大学理学部助手、京都大学教養部、総合人間学部助教授、京都大学大学院理学研究科教授を歴任した。京都大学名誉教授。京都大学理学博士。

専門　物理化学、量子化学、レーザー分子分光学

著書

『現代物理化学』（共著）、化学同人、2015 年

『教養としての基礎化学——身につけておきたい基本の考え方』、化学同人、2011 年

『基礎量子化学——量子論から分子をみる』、サイエンス社、2004 年

廣田　襄（ひろた　のぼる）

1959 年　京都大学理学部卒業

1963 年　米国ワシントン大学文理学部大学院博士課程修了、Ph.D.

シカゴ大学フェルミ研究所博士研究員、ニューヨーク州立大学ストーニーブルック校助教授、準教授、教授、京都大学理学部教授を歴任した。京都大学名誉教授。

専門　物理化学、とくに電子スピン共鳴によるラジカルと励起三重項状態の研究

著書

『現代化学への招待』（編）、朝倉書店、2001 年

『現代化学史——原子・分子の科学の発展』、京都大学学術出版会、2013 年

"A History of Modern Chemistry," Kyoto Univ. Press/ Trans Pacific Press, 2016

化学がめざすもの　　　　　　　　　©Masaaki BABA, Noboru HIROTA 2020

2020 年 4 月 5 日　初版第一刷発行

著　者　　馬場正昭・廣田　襄

発行人　　末　原　達　郎

京都大学学術出版会

京都市左京区吉田近衛町 69 番地

京都大学吉田南構内（〒606-8315）

電　話（075）761-6182

FAX（075）761-6190

Home page http://www.kyoto-up.or.jp

振　替　01000-8-64677

ISBN978-4-8140-0266-5　　　　　　印刷・製本　亜細亜印刷株式会社

Printed in Japan　　　　　　　　　　　　　　　装丁　森　華

定価はカバーに表示してあります